Shahide Dehghan
Hoosein Norouzi
Hossein Gholami

Redes neuronais artificiais na gestão de infra-estruturas subterrâneas

Shahide Dehghan
Hoosein Norouzi
Hossein Gholami

Redes neuronais artificiais na gestão de infra-estruturas subterrâneas

ScienciaScripts

Imprint

Any brand names and product names mentioned in this book are subject to trademark, brand or patent protection and are trademarks or registered trademarks of their respective holders. The use of brand names, product names, common names, trade names, product descriptions etc. even without a particular marking in this work is in no way to be construed to mean that such names may be regarded as unrestricted in respect of trademark and brand protection legislation and could thus be used by anyone.

Cover image: www.ingimage.com

This book is a translation from the original published under ISBN 978-620-7-65080-4.

Publisher:
Sciencia Scripts
is a trademark of
Dodo Books Indian Ocean Ltd. and OmniScriptum S.R.L publishing group

120 High Road, East Finchley, London, N2 9ED, United Kingdom
Str. Armeneasca 28/1, office 1, Chisinau MD-2012, Republic of Moldova, Europe
Printed at: see last page
ISBN: 978-620-7-73284-5

Redes neuronais artificiais na gestão de infra-estruturas subterrâneas

Shahide Dehghan[1] , Hoosein Norouzi[2], Hossein Gholami[3]

[1]Departamento de Geografia, secção de Najafabad, Universidade Islâmica Azad, Najafabad, Irão

[2] Departamento de Engenharia Civil, Isfahan (Khorasgan) Branch, Islamic Azad University, Isfahan, Irão

[3]Departamento de Engenharia Civil, Isfahan (Khorasgan) Branch, Islamic Azad University, Isfahan, Irão

2024

Prefácio

Devido à diminuição da precipitação e da seca na última década e em resultado da falta de água numa vasta área do país, a gestão das águas subterrâneas é muito importante e sensível. A fim de aplicar uma gestão correcta, sente-se profundamente a necessidade de identificar, modelar e prever as flutuações do lençol freático nas planícies para um planeamento a longo prazo e uma maior e melhor utilização dos potenciais hídricos das planícies. Vários factores e condicionantes afectam o nível das águas subterrâneas, entre eles os factores climáticos (temperatura, pluviosidade, evaporação), a quantidade de descarga e alimentação do lençol, etc., que dificultam a análise deste fenómeno. formação Modelos físico-conceptuais, regressão e séries temporais são os métodos mais comuns de análise das flutuações do nível das águas subterrâneas (hidrografia).

Introdução

A utilização de redes neuronais na previsão das variáveis das fontes de água, incluindo as águas subterrâneas, tem vindo a aumentar consideravelmente. Através da rede neural artificial, esta rede persegue vários objectivos, que incluem a determinação dos parâmetros eficazes nas flutuações do nível da água subterrânea, bem como a investigação do impacto espacial e temporal dos parâmetros do nível da água através dos dados, e depois a modelação das flutuações do nível da água subterrânea em piezómetros seleccionados na planície de estudo. É possível que a melhor modelação das flutuações do nível da água com o modelo de rede neural tenha sido conseguida através da seleção de parâmetros adequados e com o atraso temporal mais aceitável. A simulação de sistemas de águas subterrâneas é muito diferente da simulação de águas superficiais devido à complexidade da natureza destes sistemas. Esta situação é especialmente evidente na otimização destes sistemas. Devido à extensão dos aquíferos, para gerar coeficientes de resposta unitários utilizando modelos de simulação, é necessário despender muito tempo na calibração do modelo e na geração de coeficientes de resposta. As Redes Neuronais Artificiais (RNA) ou sistemas de ligação são sistemas de computação que se inspiram nas redes neuronais biológicas dos cérebros dos animais. Estes sistemas "aprendem" a efetuar tarefas tendo em conta exemplos, geralmente sem serem programados com regras específicas para cada tarefa. Por exemplo, no reconhecimento de imagens, podem aprender analisando imagens de exemplo manualmente rotuladas como "gato" ou "sem gato" e utilizando os resultados para identificar gatos noutras imagens, imagens que contenham gatos. identificam os gatos sem qualquer conhecimento prévio dos gatos, por exemplo, têm pelo, caudas, linhas e rostos como os gatos. Em vez disso, geram automaticamente características de identificação a partir de amostras processadas. As RNA baseiam-se num conjunto de unidades ou nós ligados, denominados neurónios artificiais, que modelam facilmente os neurónios do cérebro biológico. Cada ligação, tal como as sinapses no cérebro biológico, pode transmitir um sinal a outras células nervosas. O neurónio artificial recebe um sinal, processa-o e pode enviar um sinal aos neurónios a ele ligados. Nas implementações de RNA, o "sinal" na ligação é um número real e a saída de cada neurónio é determinada por algumas funções não lineares da soma das suas entradas.

Corpo do texto

As ligações são designadas por arestas. Os neurónios e as extremidades têm normalmente pesos que se ajustam à medida que a aprendizagem progride. O peso aumenta ou diminui a intensidade do sinal na ligação. Os neurónios podem ter um limiar que envia um sinal apenas se o sinal somado ultrapassar esse limiar. Normalmente, os neurónios são agrupados em camadas. Camadas diferentes podem efetuar transformações diferentes nas suas entradas. Os sinais viajam desde a primeira camada (camada de entrada) até à última camada (camada de saída), possivelmente depois de atravessarem as camadas várias vezes. O principal objetivo da abordagem ANN é resolver problemas da mesma forma que o cérebro humano. No entanto, ao longo do tempo, a atenção passou a centrar-se na realização de tarefas específicas, o que levou a um desvio da biologia. As redes neuronais são utilizadas em várias tarefas, como a visão por computador, o reconhecimento da fala, a tradução automática, a filtragem de redes sociais, os gamepads e os jogos de vídeo, o diagnóstico médico e até em actividades tradicionalmente consideradas humanas, como a pintura. Warren McCulloch e Walter Pitts (1943) abriram a questão ao criarem um modelo computacional para as redes neuronais. No final da década de 1940, D. O. Hebb desenvolveu uma hipótese de aprendizagem baseada no mecanismo da plasticidade neural, que ficou conhecida como aprendizagem hebbiana. Farley e Wesley Clark utilizaram pela primeira vez máquinas de computação, na altura denominadas "calculadoras", para simular a rede Hebbian. Rosenblatt (1958) desenvolveu este perceptron. As primeiras redes de aplicação com muitas camadas foram publicadas por Ivakhnenko e Lapa em 1965 como um grupo de métodos de processamento de dados. Os princípios básicos da aplicação contínua no domínio da teoria do controlo foram obtidos por Kelly em 1960 e Bryson em

1961, utilizando os princípios da programação dinâmica. Em 1970, Seppo Linnainmaa desenvolveu um método geral de diferenciação automática (AD) de redes ligadas discretas de diferentes funções. Distinção publicada. Em 1973, Dreyfus utilizou a retropropagação para adaptar os parâmetros do controlador ao rácio do declive do erro. O algoritmo de retropropagação de Werbos (1975) permitiu a formação prática de redes multicamadas. Em 1982, aplicou o método AD de Linnainmaa a um método muito utilizado nas redes neuronais. Depois desta investigação, seguiram-se Minsky e Papert (1969), que descobriram que os receptores básicos não são capazes de processar um único circuito ou circuitos e que os computadores não têm potência suficiente para processar redes neuronais úteis. Em 1992, foi introduzida a agregação máxima para ajudar a minimizar a invariância e a tolerância à deformação para ajudar na deteção de objectos 3D. Schmidtor (1992) treinou hierarquias multinível de redes com aprendizagem não supervisionada de níveis no tempo e back-up ajustado. Jeffrey Hinton et al., (2006) desenvolveram uma representação de alto nível utilizando camadas sucessivas de variáveis latentes e propuseram um valor real com um aparelho de Boltzmann finito para modelar cada camada. Em 2012, Ng e Dean construíram uma rede que aprendeu a reconhecer conceitos de alto nível, como gatos, apenas olhando para imagens não rotuladas. Antes da formação não supervisionada e do aumento do poder de computação através das GPU e da computação distribuída, tornou-se possível utilizar redes maiores, especialmente em problemas de reconhecimento visual e de imagem, conhecidos como "aprendizagem profunda". Alguns dos principais avanços incluem: redes neurais convolucionais, que são particularmente bem sucedidas no processamento de dados visuais e outros dados bidimensionais. A memória de curto prazo desaparece do problema do gradiente e pode reter sinais que têm uma combinação de componentes de baixa frequência e ajudar no reconhecimento de voz em grande escala, na síntese de texto para voz e em cabeças falantes em tempo real a partir de fotografias. Redes competitivas, como as redes generativas adversárias, em que várias redes (com estruturas diferentes) competem entre si em tarefas como ganhar um jogo ou enganar um adversário quanto à correção de uma entrada. As redes neuronais artificiais têm encontrado aplicações em muitos domínios devido à sua capacidade de reproduzir e modelar processos não lineares. As áreas de aplicação incluem a identificação e o controlo de sistemas (controlo de veículos, previsão de trajectórias, controlo de processos, gestão de recursos naturais), química quântica, jogos em geral, reconhecimento de padrões (sistemas de radar, reconhecimento facial, classificação de sinais, reconstrução 3D, reconhecimento de objectos e outros), reconhecimento de sequências (reconhecimento de gestos, fala, texto manuscrito e impresso), diagnóstico médico, finanças (por exemplo, sistemas de negociação automatizados), extração de dados, visualização, tradução automática, filtragem de redes sociais e filtro de spam de correio eletrónico. As RNA são utilizadas para diagnosticar cancros, incluindo o cancro do pulmão, o cancro da próstata e o cancro colorrectal, e distinguir linhas de células cancerosas altamente agressivas de linhas menos agressivas, utilizando apenas informações sobre a forma das células. Foram utilizadas redes neuronais locais para acelerar a análise da fiabilidade e a previsão de infra-estruturas expostas a catástrofes naturais de assentamentos de fundações. As RNA são também utilizadas para construir modelos de caixa negra nas ciências da terra: hidrologia, modelação oceânica, engenharia costeira e geomorfologia. As Redes Neuronais Locais têm sido aplicadas na cibersegurança e visam distinguir entre actividades legítimas e maliciosas. Por exemplo, a aprendizagem automática tem sido utilizada para classificar malware para

Android, para identificar domínios pertencentes a agentes de ameaças e para identificar URLs que representam um risco de segurança. Investigação sobre sistemas ANN concebidos para testes de penetração, para detetar botnets, fraudes com cartões de crédito e penetração de redes. As redes neuronais foram propostas como uma ferramenta para simular as propriedades dos sistemas quânticos de corpo aberto. Na investigação sobre o cérebro, as redes neuronais estudaram o comportamento a curto prazo dos neurónios individuais, a dinâmica dos circuitos neuronais resultante das interacções entre neurónios individuais e o modo como o comportamento pode ser derivado de módulos neuronais abstractos que representam o subsistema completo. abrandar Os estudos consideraram a flexibilidade a longo e a curto prazo dos sistemas neuronais e a sua relação com a aprendizagem e a memória, desde o neurónio individual até ao nível do sistema. As redes neuronais locais não estão apenas em aplicações de aprendizagem automática, mas também em situações e programas. Aplicações que são utilizadas há décadas. ANN MADALINE foi, de facto, a primeira a aplicá-la a um problema do mundo real, em 1959. Este modelo elimina os ecos produzidos pelas linhas telefónicas utilizando a camada para atuar como um filtro de som. Uma das novas aplicações das RNA é nas tecnologias de reconhecimento de voz. Para esta aplicação, a RNA deve ser treinada para compreender com exatidão o que as pessoas dizem com diferentes vozes e sotaques. Estes dados são treinados analisando a matemática subjacente às ondas sonoras e o que compõe uma determinada palavra. Depois de treinar estes dados, pode introduzir os dados no modelo e deixar que as camadas ocultas façam os cálculos. Estas camadas aprendem a dar prioridade ao padrão de ondas que imita a linguagem. Quando estas camadas ocultas adquirem informações detalhadas, o modelo está pronto a ser utilizado para reconhecer vários comandos de voz que lhe são dados por humanos. As redes neuronais estão no centro da aprendizagem profunda, um domínio que é utilizado em muitas aplicações práticas em diferentes áreas. Atualmente, as redes neuronais são utilizadas para a classificação de imagens, o reconhecimento da fala, o reconhecimento de objectos, etc. Agora, vamos tentar compreender a unidade básica por detrás deste modo técnico. Um neurónio converte uma determinada entrada num valor de saída. Dependendo da entrada dada e dos pesos atribuídos a cada entrada, decide se o neurónio deve disparar ou não. Suponhamos que o neurónio tem 3 ligações de entrada e saída. A diferença entre aprendizagem profunda e rede neuronal inclui várias dimensões e indicadores. Para compreender a relação entre estes dois conceitos, pode considerar-se um diagrama de Venn que inclui dois círculos aninhados, o círculo exterior da rede neuronal e o círculo interior da aprendizagem profunda. As redes neuronais, também designadas por redes neuronais artificiais (RNA), são a base da tecnologia de aprendizagem profunda, assente na ideia de como funciona o sistema nervoso. Qualquer atividade realizada pelos seres humanos, as memórias e as acções por eles realizadas são controladas pelo sistema nervoso. Os neurónios estão localizados nos ventrículos do sistema nervoso. Na sua essência, o neurónio comporta-se de forma muito semelhante a um análogo de computador e a um perceptrão optimizado para receber informações de outros neurónios, processar essas informações e enviar os resultados para outras células. Um perceptron é responsável por receber entradas, resumi-las todas e passá-las através de uma função de ativação. Depois disso, ele também determina a quantidade de saídas e níveis enviados. Inspirados nos neurónios do cérebro humano, os perceptrões estão organizados em camadas constituídas por nós interligados. Este conceito tornou-se uma área de investigação ativa com o revigoramento das redes neuronais na década de 2000, abrindo caminho para a moderna aprendizagem automática. Antes deste conceito, este algoritmo era designado por rede neural artificial ou RNA. No entanto, este termo é um conceito muito mais amplo do que redes neurais artificiais e inclui várias áreas diferentes de máquinas ligadas. A aprendizagem é uma abordagem e uma técnica de inteligência artificial que permite aos sistemas informáticos melhorar a experiência e os dados. Este conceito é um tipo especial de método de aprendizagem de máquinas baseado em redes neuronais artificiais que permite aos computadores realizar tarefas que ocorrem naturalmente aos seres humanos. Este método baseia-se na ideia de aprender com o exemplo. Esta ciência pode ser supervisionada ou não supervisionada. A ideia de criar este conceito é semelhante às estruturas utilizadas pelo cérebro humano. Estes algoritmos têm um desempenho superior a outros tipos de algoritmos de aprendizagem automática. Atualmente, com a enorme evolução da tecnologia, o Big Data e o Hadoop são necessários para transformar as empresas. As empresas actuais estão a avançar para a inteligência artificial e a aprendizagem automática com uma tendência crescente. As redes neuronais ou sistemas conexionistas são dispositivos inspirados na rede neuronal biológica humana. Estes tipos de sistemas são treinados para aprender e adaptar-se de acordo com as necessidades humanas. Outro termo que está intimamente relacionado com esta questão é a Aprendizagem Profunda, também conhecida como aprendizagem hierárquica. Este método baseia-se na representação dos dados de aprendizagem, ao contrário dos algoritmos baseados em tarefas. Este método pode ser classificado como aprendizagem supervisionada, semi-supervisionada e não supervisionada. Existem diferentes arquitecturas relacionadas com esta aprendizagem; por exemplo, podemos referir as redes neuronais profundas, as redes de crenças e as redes recorrentes, que são utilizadas no processamento da linguagem natural, na visão computacional, no reconhecimento da fala, na filtragem de redes sociais, no reconhecimento da voz, na bioinformática, na tradução automática, na conceção de medicamentos, na lista e noutros casos. As redes neuronais utilizam neurónios que são utilizados para transmitir dados sob a forma de valores de entrada e de saída. Estas redes são utilizadas para transferir dados através de redes ou ligações. Por outro lado, a DL tenta estabelecer uma relação entre estímulos e respostas neurais relacionadas no cérebro, transformando e extraindo características relacionadas. Os domínios de aplicação das redes neuronais incluem a identificação de sistemas, a gestão de recursos naturais, o controlo de processos, o controlo de veículos, a química quântica, a tomada de decisões, os jogos, o reconhecimento facial, o reconhecimento de padrões, a classificação de sinais, o reconhecimento de sequências, o reconhecimento de objectos, as finanças, o diagnóstico médico, a visualização, a extração de dados, a tradução automática, a filtragem de spam de correio eletrónico, a filtragem de redes sociais, etc. A aplicação da aprendizagem profunda inclui o reconhecimento automático da fala, o reconhecimento de imagens, o processamento de artes visuais, o processamento de linguagem natural, a descoberta de medicamentos e a toxicologia, a gestão das relações com os clientes, os motores de recomendação, os telemóveis, a publicidade, a bioinformática, a reconstrução de imagens e outros. As críticas às redes neuronais incluem aspectos pedagógicos, teóricos, hardware, exemplos práticos, críticas cruzadas e abordagens híbridas. Já o DL está relacionado com a teoria, erros, ameaças cibernéticas e outras questões. As redes neuronais são modelos de arquitetura simples baseados no funcionamento do sistema nervoso e dividem-se em redes neuronais de camada única e redes neuronais de várias camadas. Um exemplo simples de uma rede neuronal é também conhecido por perceptrão. Numa rede de camada única, um conjunto de entradas é mapeado diretamente para uma saída utilizando alterações generalizadas numa função linear. Nas redes multicamadas, como o nome sugere, os neurónios são colocados em camadas em que é estabelecida uma camada de neutrões entre as camadas de entrada e de saída, também designada por camada oculta. Por outro lado, a arquitetura de aprendizagem hierárquica baseia-se em redes neuronais artificiais. Nas últimas décadas, os recursos hídricos subterrâneos estão a ser confrontados com um aumento da procura para várias utilizações e com alterações climáticas, e estes efeitos provocam muitas alterações nas séries temporais do nível da água. A falta de água que pode ser utilizada para beber e para a agricultura em muitas regiões do mundo fez com que, nalgumas regiões, a água fosse transaccionada como mercadorias valiosas, como o petróleo e o gás. Entretanto, algumas opiniões consideram que o comércio de água pode ser um grande risco para os seres humanos, porque a transferência de água mostrou em muitas experiências que a origem e o destino não foram capazes de utilizar a água de forma óptima em novas condições, por exemplo, com A expansão da agricultura e da indústria no destino e a destruição das condições estáveis do passado na origem e no destino, bem como a manipulação das condições naturais e, naturalmente, a ineficácia dos programas de gestão causaram o aparecimento de problemas ambientais e alterações climáticas. Os modelos físicos, como os modelos analíticos e os modelos numéricos, baseiam-se nas condições físicas e nas equações de governação. Por exemplo, o modelo numérico MODFLOW de fluxo de água subterrânea, que foi desenvolvido pela organização USGS e é utilizado em todo o mundo, utilizando equações básicas como a lei da conservação da massa e do momento e combinando estes métodos com o comportamento da água no aquífero e métodos numéricos. Foi criado para resolver estas equações. A base do escoamento neste modelo é uma aproximação da lei de Darcy, que se baseia no pressuposto do movimento da água nos orifícios sob a condição de escoamento em lençol. Este modelo pode ser utilizado quando lhe é introduzida uma vasta gama de parâmetros ambientais, e a obtenção de resultados exactos depende da exatidão das entradas e dos pressupostos incluídos no modelo. No mundo real, os fluxos de água subterrânea dependem de um vasto leque de variáveis, tais como as características do solo, o período de tempo, a direção do fluxo, o tipo de fluxo (permanente e não permanente), a altura do leito rochoso, a porosidade, as condições saturadas e não saturadas, entre muitas outras. A introdução destes parâmetros nos modelos numéricos e a criação de ligações lógicas entre estes parâmetros é por vezes difícil e, em alguns casos, impossível. De acordo com estes casos, estes modelos têm a capacidade de simular e prever com elevada precisão quando recebem informação correcta e precisa e também quando esta informação é completa no tempo e no espaço, o que praticamente não é possível, especialmente no caso da superfície plana. A água na modelação dos fluxos de água subterrâneos. Ao contrário dos modelos mencionados, as redes neuronais artificiais não enfrentam qualquer tipo de limitações físicas e pressupostos matemáticos. Além disso, as redes neuronais artificiais não necessitam de dados difíceis de recolher no ambiente de dados, como a condutividade hidráulica de uma grande área que requer muitas amostragens. Em vez disso, as redes neuronais artificiais são treinadas diretamente a partir de dados mensuráveis, tais como níveis de água, valores de bombagem e valores de precipitação. Esta é uma das vantagens das redes neuronais artificiais em comparação com os modelos físicos antigos que podem utilizar dados facilmente acessíveis. Ao utilizar dados históricos, as redes neuronais artificiais não têm em conta as alterações básicas em comparação com a simulação da ação. Por exemplo, a criação de um novo poço na área para este tipo de modelo, cujo período de dados não é consistente com outros dados, não é incluída no processo do modelo, o que é uma das fraquezas das redes neuronais artificiais em comparação com os modelos físicos. Claro que, como já foi referido, estes modelos não necessitam de todos os parâmetros e alguns deles podem ser omitidos. Uma das vantagens destes modelos em relação aos modelos numéricos é a obtenção de informações actuais que lhes permitem realizar facilmente simulações e previsões hidrológicas e de gestão em relação ao momento presente. Os parâmetros e as condições de fronteira dos modelos numéricos convergem geralmente para o valor da hipótese inicial durante a calibração, o que pode não corresponder às condições reais. A aquisição de informações actuais nas redes neuronais artificiais fez desaparecer a necessidade de tempo a longo prazo e o valor da hipótese inicial, podendo os resultados ser alcançados em períodos de tempo mais curtos. Outra vantagem das redes neuronais artificiais é a sua estrutura matemática simples, o que faz com que a velocidade da operação de simulação atinja vários segundos. Ao contrário destes, os modelos numéricos efectuam o processo de simulação utilizando relações matemáticas complexas e métodos complexos de equações numéricas. Por este motivo, estes modelos são por vezes designados por meta-modelos e podem constituir uma alternativa adequada aos modelos numéricos. Um dos factores que tem causado a falta de confiança nos modelos de redes neuronais artificiais é o facto de estes modelos serem, de facto, egocêntricos e designados por Black-Box, podendo utilizar relações fisicamente irracionais no processo de simulação e previsão, o que será contrário às realidades físicas existentes. A verdade é que não existe superioridade entre estes modelos e as vantagens e desvantagens de cada método mantêm-se. De facto, nos últimos anos, com a expansão e otimização das redes neuronais artificiais nas comunidades académica e científica, estão a ser investigadas algumas das limitações destes modelos e as suas fragilidades. A escolha de cada um destes modelos depende do tipo de ponto de vista das pessoas e do objeto de simulação. A inteligência artificial (IA) é uma tecnologia de ponta que se assemelha ao processo de pensamento humano na tomada de decisões e na aprendizagem de estratégias. É reconhecida pela sua extraordinária capacidade de lidar com sistemas complexos e tem sido adaptada através da indústria tecnológica, proporcionando um trabalho pesado em lógica, extração de dados, classificação médica e muito mais. Na última década, as técnicas de IA, como as Redes Neuronais Artificiais (RNA), os Algoritmos Genéticos (AG) e a Teoria Difusa, também têm sido cada vez mais utilizadas para tratar algumas questões relacionadas com a hidrologia e os sistemas de reservatórios de água. Recentemente, foram feitos alguns esforços para monitorizar a otimização do armazenamento e da exploração de reservatórios através de técnicas de IA. Raman e Kandra Molly propuseram a utilização de RNA para gerar estratégias operacionais com base nos resultados de um modelo de programação dinâmica determinística (PD) para a organização de um sistema de armazenamento único e múltiplo. Kanciler et al. desenvolveram um modelo de rede neural para derivar estratégias operacionais (de exploração) para um reservatório de abastecimento de irrigação. Numa tentativa de calcular as características estocásticas do afluxo, Punamba et al. desenvolveram um sistema de inferência neuro-fuzzy (ANFIS) baseado nos resultados óptimos obtidos por outro modelo de otimização estocástica. Chaing et al. utilizaram um modelo baseado em AG para procurar a parte óptima da libertação de água da albufeira e depois utilizaram estes resultados como modelo de treino do modelo ANFIS. As técnicas de IA são também os principais métodos utilizados para desenvolver Sistemas Inteligentes (SI) e Sistemas de Apoio (SAD) na gestão dos recursos hídricos. As fontes apresentadas acima são semelhantes, na medida em que identificam primeiro o "vetor ideal" (por exemplo, a libertação de água da albufeira) com base em AG, PD ou outros métodos de otimização. Depois, limitam-se a explorar o modelo baseado em RNA utilizando valores óptimos previamente identificados para desenvolver um sistema de exploração inteligente. Estes modelos baseados em RNA foram utilizados numa tentativa de imitar os valores óptimos actuais para novas decisões no futuro. Embora os passos para encontrar os resultados óptimos iniciais e depois executar a RNA possam enfrentar alguns obstáculos. Em termos de otimização por PD, o aumento do número de variáveis ** e de estado pode causar impraticabilidade devido ao problema da dimensão. Em termos de otimização baseada em AG, cada variável de decisão em cada passo deve ser considerada como um parâmetro a ser optimizado. Além disso, para horizontes de otimização longos, o número de parâmetros a otimizar é parte do número de etapas. Finalmente, para este processo de duas etapas, o padrão de erro utilizado na implementação do modelo baseado em RNA não está diretamente relacionado com os objectivos operacionais que podem afetar a eficiência e o desempenho operacionais. Neste trabalho, desenvolvemos um sistema inteligente baseado no modelo de inferência ANN e aplicámo-lo para otimizar a operação de um reservatório multi-objetivo. A inferência significa que os parâmetros (pesos e propensões) do modelo RNA são identificados pela técnica de otimização GA. Portanto, o modelo RNA deve mostrar as estratégias operacionais de exploração do reservatório. Uma vez que o modelo GA é responsável pela otimização dos parâmetros da RNA em vez dos valores de decisão, apenas necessita de um número fixo de parâmetros a serem identificados, independentemente da dimensão do horizonte de otimização. Isto pode ser considerado como uma espécie de parametrização das estratégias de exploração. Além disso, para gerir múltiplas variáveis de decisão, o modelo proposto tende a ser mais implementado do que os modelos antigos, como o DP e o GA, pelo que estas variáveis podem ser consideradas como as novas unidades de saída da RNA. A adição de novas unidades de saída não está necessariamente de acordo com a viabilidade e a otimização do novo método, pelo que o AG pode ser optimizado em redes complexas e de elevado valor. Por último, o sistema inteligente proposto apresenta um grande potencial para ser combinado com outros modelos de previsão, de modo a que o modelo baseado em AG possa ser implementado numa direção avançada e controlar sistemas complexos de forma flexível. As redes neuronais, tanto em termos de análise estrutural e desenvolvimento, como em termos de implementação de hardware, estão a crescer e a progredir, e o número de técnicas de computação neuronal continua a aumentar As actividades científicas e aplicadas em questões técnicas de engenharia, como os sistemas de controlo, o processamento de sinais e o reconhecimento de padrões, expandiram-se, reconhecendo estas questões, nesta secção referimo-nos às redes neuronais artificiais, Vamos discutir os limites das nossas expectativas em relação a estas redes e as suas semelhanças com as redes reais. Considere o cérebro como um sistema de processamento de informação com uma estrutura paralela e muito complexa, que representa dois por cento do peso do corpo e consome mais de vinte por cento do oxigénio do corpo para ler, respirar, mover-se, pensar, e todas as acções conscientes e muitos comportamentos inconscientes são utilizados. Para ilustrar as capacidades do cérebro, considere um jogador de ténis. Tem a complexidade de um microprocessador, mas não tem a velocidade de computação de um microprocessador. Algumas estruturas neuronais são criadas à nascença e outras partes desenvolvem-se durante a vida, especialmente no início da vida Os cientistas das ciências biológicas receberam recentemente Sabe-se que a função dos neurónios biológicos, como o armazenamento e a manutenção da informação, reside nos próprios neurónios e na comunicação entre eles Embora as redes neuronais artificiais não sejam comparáveis aos sistemas neuronais naturais, têm características que as tornam úteis em algumas aplicações, como a separação de padrões, a robótica, o controlo e, de um modo geral, onde quer que sejam necessárias Aprender um mapeamento linear ou não linear é preferível. Extração Analisar os resultados de um mapeamento não linear especificado por vários exemplos não é uma tarefa simples, porque um neurónio é um dispositivo não linear e, consequentemente, uma rede neuronal formada por um conjunto destes neurónios é também um sistema não linear. Além disso, a propriedade não linear dos elementos de processamento está distribuída por toda a rede. A implementação destes resultados com um algoritmo comum sem capacidade de aprendizagem, necessita de muito cuidado e atenção. Neste caso, um sistema que possa extrair esta relação por si só parece muito útil. Especialmente adicionando possíveis exemplos no futuro a um sistema com a capacidade de aprender. É mais fácil do que fazê-lo num sistema sem essa capacidade, porque neste último sistema, acrescentar uma nova instância é como substituir todo o trabalho feito anteriormente. A aprendizagem é a capacidade de ajustar a rede (pesos da canela) quando a rede muda e a rede deve experimentar o tempo O ambiente (o estado da pessoa) do dia, a rede deve ser ensinada para as condições impopulares. A forma potencial é afetada por toda a atividade dos outros neurónios. Consequentemente, a informação não é de um tipo separado, mas é afetada por toda a rede. O que a rede recebe (informação ou conhecimento) é o peso sináptico É melhor. Não existe uma relação de um para um entre as entradas e os pesos sinápticos. Pode dizer-se que cada peso sináptico está relacionado com todos os inputs, mas com nenhum deles individual e separadamente. Não. Por outras palavras, cada neurónio da rede é afetado por toda a atividade dos outros neurónios.

Como resultado, a informação é processada pelas redes neuronais sob a forma de texto. Com base nisto, se algumas das células da rede forem removidas ou tiverem uma função errada, ainda existe a possibilidade de se chegar à resposta correcta. Embora esta probabilidade seja reduzida para todas as entradas, não é eliminada para nenhuma delas. Depois de os exemplos iniciais terem sido treinados, a rede pode ser confrontada com uma entrada não treinada e fornecer uma saída adequada. Este resultado baseia-se no mecanismo de generalização, que é o mesmo. Por outras palavras, a rede aprende a função. Aprende o algoritmo ou obtém uma relação analítica adequada para um certo número de pontos no espaço. Quando uma rede neural é implementada em hardware, as células de um alinhamento podem responder simultaneamente às entradas desse alinhamento. Esta caraterística aumenta a velocidade de processamento. De facto, num sistema deste tipo, a tarefa global de processamento é distribuída por processadores mais pequenos, independentes uns dos outros. Numa rede neuronal, cada célula actua de forma independente e o comportamento global da rede é o resultado dos comportamentos locais de várias células. Por outras palavras, as células corrigem os erros locais umas das outras num processo de cooperação. Esta caraterística aumenta a capacidade de resistência. A tolerância ao erro está no sistema Ivan e Ivan Paulf foram aceites. Estes são geralmente aprendidos, abrangentes e condicionados, e estão sujeitos aos modelos específicos dos modelos de aprendizagem. Tipos e tipos de redes neuronais estáticas e dinâmicas têm sido utilizados para classificação, agrupamento e reconhecimento de padrões. Por exemplo, para o reconhecimento de caracteres latinos, árabes, persas, chineses e japoneses em sistemas OCR. Apontou para a identificação do estilo de escrita de Shakespeare e a sua separação de outros, ou para a deteção da concentração de petróleo por redes neuronais. Nesta direção, as redes neuronais podem ser utilizadas em filtros adaptativos, processamento da fala e da imagem, visão artificial, codificação e compressão da imagem, o que indica que tanto as redes neuronais estáticas como as dinâmicas foram utilizadas muitas vezes. No reconhecimento da fala, o silêncio e as vogais podem ser comprimidos. A síntese texto-fala e as comunicações a longa distância podem ser utilizadas para comprimir imagens e dados, serviços de informação totalmente automáticos, tradução durante as conversações e o sistema. O processamento de pagamentos de clientes salientou que as redes neuronais não são adequadas para a previsão de séries temporais, especialmente quando existem condições como a estacionariedade ou outras condições que permitem a utilização de técnicas clássicas. e séries temporais complexas são amplamente utilizadas. Por exemplo, podemos referir a previsão de carga em sistemas eléctricos. Embora o escoamento tenha uma longa história na ciência hidráulica, mas devido à vasta gama de variáveis e à extensão dos parâmetros que o afectam e às várias condições que existem neste fenómeno, até agora não está disponível uma relação precisa que possa dar uma estimativa adequada das dimensões do orifício de escoamento e o estudo deste caso ainda é de interesse para os investigadores desta ciência. A previsão das dimensões do buraco de erosão a jusante das estruturas de controlo é um dos passos mais importantes e difíceis no projeto de fundações destas estruturas. O projeto deve basear-se nas dimensões do buraco criado, de forma a minimizar a possibilidade de rutura e derrube da estrutura. O escoamento das estruturas hidráulicas tem frequentemente a forma de um jato, o que pode provocar muitas alterações nos rios e em torno das suas estruturas e causar danos estruturais e ambientais significativos. Apesar de terem sido realizados vários estudos no domínio da erosão causada por jactos e de terem sido estudados e investigados vários jactos, tais como jactos horizontais, verticais e projécteis, em nenhum dos casos acima referidos foram fornecidas relações exaustivas para investigar o comportamento e as características completas da cavidade de erosão, sendo necessária uma investigação mais completa dos parâmetros que afectam este fenómeno. As redes neurais artificiais, que têm demonstrado o seu elevado valor em muitas aplicações actuais, foram criadas com base no modelo biológico do cérebro humano, que, ao implementar o processo de treino, são capazes de descobrir as regras e as relações internas entre dados experimentais e generalizá-las noutras situações. Por conseguinte, nesta investigação, embora utilizando métodos comuns em hidráulica, foram também utilizadas redes neuronais artificiais para analisar a informação disponível, e a correção das redes desenvolvidas foi medida com base em indicadores estatísticos comuns. A erosão é, de facto, o movimento de partículas ao longo do fluxo, da sua localização inicial para outro local, devido à intensidade da energia do fluido. Aqui, as partículas do leito são causadas por dois grupos de forças, o primeiro grupo é constituído pelas forças que resistem ao movimento da partícula e impedem a separação da partícula, e o segundo grupo é constituído pelas forças que tentam separar a partícula do leito e querem que ela se mova com o fluxo. O escoamento ocorre normalmente no fundo dos rios e nas suas paredes, mas o seu estado muito crítico ocorre normalmente após o escoamento passar em torno e dentro dos limites de uma estrutura hidráulica. O movimento de uma partícula inicia-se quando as forças aplicadas pelo escoamento, ou seja, as forças elásticas e de elevação, que fazem com que a partícula se separe do substrato, prevalecem sobre as forças de resistência devidas ao peso da partícula, o que se designa por (limiar do movimento da partícula). A força de elevação mencionada pode ser criada pelas duas razões seguintes. Devido às mudanças de velocidade perto do fundo do canal e à criação de uma diferença de pressão entre o topo e o fundo da partícula, esta desloca-se e faz com que seja transportada pelo fluido. Devido à presença de correntes turbulentas (correntes turbulentas locais) o fluido pode também transportar a partícula consigo. Se a força peso e a força de elevação forem praticamente iguais, uma pequena força de avanço é capaz de mover a partícula do seu lugar. Depois de mover a partícula, a força de elevação diminui. Quando as partículas que formam o leito são removidas do seu lugar devido à passagem de correntes de superfície livre sob a influência de forças hidráulicas efectivas e são depositadas a uma distância maior, diz-se que ocorreu erosão. A erosão é uma das questões importantes no domínio da hidráulica e da hidráulica dos sedimentos. O mecanismo deste fenómeno é que, antes de a estrutura ser destruída pelas forças destrutivas da cheia, fica exposta aos perigos da erosão em torno da sua fundação. O primeiro tipo de erosão ocorre em locais onde a velocidade do fluxo aumenta, como a redução da secção do rio no local das pontes, neste caso, o aumento da velocidade provoca um aumento da tensão no leito e a remoção das partículas do leito. Este processo continua até que a tensão crítica de movimentação das partículas seja reduzida e a capacidade de transporte de sedimentos na secção seja igual à capacidade de transporte de sedimentos a montante da estrutura.   O segundo tipo de erosão deve-se ao aumento da intensidade da turbulência local causada pela alteração das condições de escoamento no fundo de estruturas hidráulicas artificiais, tais como lagoas de relaxamento, transbordos livres, baldes de lançamento, bueiros, bem como em fundações de pontes, curvas de rios e, em geral, onde quer que a intensidade da turbulência aumente localmente. Se for utilizado um aterro para criar uma estrada no caminho Abro ou côncavo, é utilizada uma estrutura denominada caleira para transferir a água de um lado do aterro para o outro. Os canais são construídos no ponto mais baixo da linha côncava. Embora esta estrutura seja simples em termos de implementação, a sua conceção hidráulica é algo complicada e depende de vários factores. O escoamento na estrutura hidráulica situada no curso dos rios, como as barragens de desvio, os descarregadores, etc., devido à estreiteza da secção transversal, à saliência na parte inferior da secção transversal sob a forma de uma corrente de arestas largas ou ao escoamento através das válvulas, tem uma velocidade mais elevada. No entanto, esta velocidade elevada não entra em contacto direto com o leito do rio e, depois de passar pela secção de controlo, o fluxo passa sobre a laje de betão, entrando depois no leito natural do rio. Mas após o fim do leito de proteção, a jusante de qualquer estrutura de água, pode ocorrer erosão no leito natural do rio. A investigação mostra que a profundidade do poço de erosão muda com o tempo. Os jactos são criados como resultado da passagem da água por baixo, dentro ou sobre as estruturas de água. Em geral, os jactos levantam as partículas de sedimentos e transportam-nas para jusante do local de impacto. Como resultado, o ponto de impacto do jato torna-se um redutor de energia do fluxo e forma-se uma cavidade de erosão. As muitas formas de jactos incluem jactos de impacto, jactos submersos, jactos horizontais e verticais e jactos bidimensionais e tridimensionais. Uma Rede Neuronal Artificial (RNA) é uma ideia para o processamento de informação que se inspira no sistema nervoso biológico e processa a informação como o cérebro. O elemento chave desta ideia é a nova estrutura do sistema de processamento de informação. Este sistema é constituído por um grande número de elementos de processamento altamente interligados (neurónios) que trabalham em conjunto para resolver um problema. As RNA, tal como os seres humanos, aprendem através do exemplo. Uma RNA é configurada para realizar tarefas específicas, como a identificação de padrões e a classificação de informações, durante um processo de aprendizagem. Nos sistemas biológicos, a aprendizagem está associada a ajustamentos nas ligações sinápticas entre os nervos.

Este é também o método das RNA. Parece que as simulações de redes neuronais são um dos desenvolvimentos mais recentes. Embora tenha sido criada antes do advento dos computadores, ultrapassou pelo menos um grande obstáculo histórico e várias épocas diferentes. Muitos avanços importantes foram feitos com simulações computacionais simples e baratas. Após um período inicial de entusiasmo e atividade neste domínio, seguiu-se um período de relutância e notoriedade. Durante este período, em que o investimento e o apoio profissional a esta questão se encontravam no seu nível mais baixo, foram efectuados desenvolvimentos importantes em relação à investigação limitada neste domínio. Isto permitiu aos pioneiros desenvolver uma tecnologia de persuasão que ultrapassou largamente as limitações identificadas por Minsky e Papert. Minsky e Papert publicaram um livro em 1969, no qual a opinião geral sobre o grau de privação das redes neuronais foi determinada entre os investigadores, e assim esta opinião foi aceite sem mais abstracções e análises. Atualmente, o domínio da investigação em redes neuronais está a beneficiar de um ressurgimento do interesse e de um aumento do investimento que o acompanha.

A primeira célula nervosa artificial foi criada em 1943 por um neurofisiologista chamado Warren McCulloch e um lógico chamado Walter Pits. Mas as limitações da tecnologia na altura não lhes permitiram fazer mais trabalho. As redes neuronais, com a sua notável capacidade de inferir significados a partir de dados complexos ou ambíguos, podem ser utilizadas para extrair padrões e identificar métodos que são conhecidos pelos seres humanos e por outras técnicas informáticas. É muito complexa e difícil de utilizar. Uma rede neural treinada pode ser considerada como um perito na categoria de informação que lhe é fornecida para análise. Este perito pode ser utilizado para gerar novos estados desejados e responder a perguntas do tipo "e se". Aprendizagem adaptativa: a capacidade de aprender a executar tarefas com base nas informações fornecidas para treino e nas experiências preliminares. Auto-organização: Uma RNA pode organizar-se ou apresentar-se a si própria, com base nas informações que encontra durante o período de aprendizagem. Crie-a você mesmo. Desempenho em tempo real: Os cálculos das RNA podem ser efectuados em paralelo, tendo sido concebido e construído hardware especial que pode utilizar esta capacidade. Tolerância a falhas sem interrupção da codificação da informação: falha parcial de uma rede. O desempenho degrada-se em conformidade, embora algumas das capacidades da rede possam manter-se mesmo com grandes danos. As redes neuronais adoptam uma abordagem diferente da dos computadores convencionais para a resolução de problemas. Os computadores convencionais usam um caminho de padrão rítmico, o que significa que o computador segue um conjunto de instruções para resolver um problema. Sem conhecer os passos específicos que o computador precisa de dar, o computador não consegue resolver o problema. Este facto limita a capacidade dos computadores comuns para resolverem problemas que nós somos capazes de compreender e saber como resolver. Mas se os computadores pudessem fazer coisas que não sabemos exatamente como fazer, seriam muito mais úteis. As redes neuronais processam a informação de forma semelhante ao que o cérebro humano faz. São constituídas por um grande número de elementos de processamento altamente interligados (células neuronais) que trabalham em paralelo para resolver um problema específico. As redes neuronais funcionam através de exemplos e não podem ser planeadas para executar uma tarefa específica. Os exemplos devem ser escolhidos cuidadosamente, caso contrário, perde-se tempo útil ou, pior ainda, a rede pode funcionar mal. A vantagem da rede neuronal é que ela descobre por si própria como resolver o problema, o seu desempenho é imprevisível. A solução pela qual o problema é resolvido deve ser conhecida antecipadamente e descrita sob a forma de instruções curtas e inequívocas. Estas instruções são depois traduzidas em linguagens de programação de alto nível e convertidas em códigos que o computador é capaz de compreender. Em geral, estas máquinas são previsíveis e, se algo correr mal, trata-se de um erro de hardware ou de software. As redes neuronais e os computadores normais não estão a competir entre si, mas complementam-se. Há tarefas que são mais adequadas aos métodos de padrões rítmicos, como as operações computacionais, e há também tarefas que são mais adequadas às redes neuronais. Para além disso, há problemas que requerem um sistema que combine ambos os métodos (normalmente, os computadores normais são utilizados para monitorizar as redes neuronais), de modo a obter a máxima eficiência. Muitas questões sobre a forma como o cérebro se treina para processar informação permanecem desconhecidas, pelo que existem muitas teorias. No cérebro humano, uma célula recolhe sinais de outras através de um grupo de estruturas minúsculas chamadas dendrites. Uma célula nervosa envia picos rápidos de atividade eléctrica ao longo de uma haste longa e fina chamada axónio, que viaja para milhares de neurónios. O ramo expande-se e estica-se. No final de cada ramo, uma estrutura chamada sinapse converte esta atividade do axónio em efeitos eléctricos. A atividade de um axónio é convertida em efeitos eléctricos de ativação ou desativação que excitam ou relaxam as células nervosas associadas. torna-se Quando um neurónio detecta um sinal de ativação que é convincente e amplamente comparado com a sua entrada inactivadora, envia um pico de atividade eléctrica para o seu axónio. A aprendizagem ocorre através da alteração do efeito das sinapses, o que faz com que o efeito de uma célula sobre as outras se altere. Normalmente, programamos um computador para simular estas propriedades. No entanto, como o nosso conhecimento dos neurónios é incompleto e o nosso poder de computação é limitado, os nossos modelos são necessariamente ideais grosseiros e imperfeitos das redes reais de neurónios. É neural. Na aprendizagem por observação da regra de aprendizagem, um conjunto de pares de dados é dado como dados de aprendizagem $(P_i, T_i)i=\{1...l\}$, em que P_i é a entrada da rede e T_i é a saída óptima da rede para a entrada. P_i é Depois de aplicar a entrada P_i à rede neural, a saída da rede ai é comparada com T_i e, em seguida, o erro de aprendizagem é calculado e utilizado para ajustar os parâmetros da rede, de modo a que, se a mesma entrada P_i for aplicada à rede na próxima vez, a saída da rede seja T_i. Notamos que o ambiente é desconhecido para a rede neural. No momento k, o vetor de entrada $P_i(k)$ com uma determinada função de distribuição de probabilidade que é desconhecida para a rede neuronal é selecionado e aplicado simultaneamente à rede neuronal e ao professor. A resposta desejada $T_i(k)$ é também dada à rede neuronal pelo professor. De facto, a resposta desejada é a resposta óptima que a rede neuronal deve obter para a entrada dada. Os parâmetros da rede neuronal são ajustados por dois sinais de entrada e pelo erro. Desta forma, após várias repetições do algoritmo de aprendizagem, que é geralmente expresso pela equação diferencial, eles convergem para os parâmetros no espaço dos parâmetros da rede para os quais o erro de aprendizagem é muito pequeno, e praticamente a rede Uma rede neural é equivalente a um professor. Por outras palavras, a informação relacionada com o ambiente (mapeamento entre T_i e P_i) que é clara para o professor é transferida para a rede neuronal e, após esta etapa, a rede neuronal pode ser utilizada em vez do professor para completar a aprendizagem. Uma forma de aprendizagem com um observador é o facto de a rede neuronal poder não ser capaz de aprender novas posições que não sejam abrangidas por novos conjuntos de dados experimentais sem um professor. A aprendizagem por reforço resolve esta limitação. Este tipo de aprendizagem tem lugar em linha, enquanto a aprendizagem com um supervisor pode ser efectuada em linha e fora de linha. No modo offline, é possível utilizar um sistema informático com dados de aprendizagem e concluir a conceção da rede neuronal. Após a fase de conceção e aprendizagem, a rede neuronal actua como um sistema estático. Mas na aprendizagem em linha, a rede neuronal trabalha em conjunto com o próprio sistema de aprendizagem, pelo que funciona como um sistema dinâmico. A aprendizagem ressonante é uma aprendizagem em linha de um mapeamento de entrada-saída. Este trabalho é efectuado através de um processo de tentativa e erro de forma a maximizar um índice operacional conhecido como sinal de ressonância e, por conseguinte, o algoritmo é um tipo de aprendizagem supervisionada em que, em vez de fornecer a resposta real, é fornecida a rede numérica que indica a quantidade de desempenho da rede. Isto significa que, se a rede neuronal alterar os seus parâmetros de forma a conduzir a um estado favorável, então a tendência do sistema de aprendizagem para produzir essa ação específica é reforçada ou intensificada. Caso contrário, a tendência da rede neuronal para produzir essa ação específica será enfraquecida. A aprendizagem por reforço não é como a aprendizagem supervisionada e este algoritmo é utilizado sobretudo em sistemas de controlo. Na aprendizagem não supervisionada ou auto-organizada, os parâmetros da rede neuronal são modificados e ajustados apenas pela resposta do sistema. Por outras palavras, a única informação recebida do ambiente para a rede são os campos de entrada. E, em comparação com o caso anterior (aprendizagem supervisionada), o vetor de resposta ótimo não é aplicado à rede. Por outras palavras, a rede neuronal não recebe qualquer exemplo da função que é suposto aprender. Na prática, verifica-se que a aprendizagem supervisionada funciona muito lentamente em redes que consistem num grande número de camadas neurais e, nesses casos, sugere-se a combinação da aprendizagem com e sem supervisor. Os modelos de

Redes Neuronais Artificiais (RNA) têm sido amplamente utilizados em diferentes aplicações. As redes de retropropagação, as mais utilizadas nas redes neuronais artificiais, têm sido utilizadas para resolver um grande número de problemas reais. Nos últimos anos, muitos algoritmos de aprendizagem têm sido amplamente utilizados para treinar redes neurais para resolver problemas complexos. Estes são concebidos e desenvolvidos de forma não linear. Uma das falhas básicas das redes neuronais actuais é que a investigação depende da conceção da rede neuronal. A conceção de uma rede neuronal envolve a escolha de um conjunto ótimo de parâmetros de conceção para obter uma convergência rápida durante o treino e a precisão. A precisão de qualquer aproximação de treino depende da escolha dos pesos correctos para a rede neuronal. Infelizmente, o bp é um algoritmo de pesquisa local. Por conseguinte, provoca uma armadilha local. Se os pesos iniciais estiverem localizados num gradiente local, é provável que o algoritmo se encontre num ótimo local. Os investigadores utilizam diferentes métodos para ajustar estas propriedades do BP. Por exemplo, num método, o algoritmo pode ser configurado para alterar o momentum de modo a que a pesquisa deixe o ótimo local e se desloque para a solução geral. Os valores correctos destes parâmetros não são analógicos e gerais, sendo muitas vezes específicos para um problema específico. Por conseguinte, para um determinado problema, é necessário testar um grande número de parâmetros para garantir que o ótimo geral é encontrado. Outra forma geral de encontrar a melhor solução (talvez o ótimo geral) utilizando bp é treinar novamente a partir de muitos pontos aleatórios de partida. Mais uma vez, o número de pontos de partida aleatórios não é conhecido e geralmente varia consideravelmente para problemas complexos. O terceiro método consiste em reconstruir a estrutura da rede neuronal. Neste método, a probabilidade de atingir o ótimo geral é muito elevada. No entanto, não existe uma estimativa geralmente aceite para este método e os investigadores preferem outros métodos diferentes. Um dos métodos mais razoáveis consiste em utilizar o algoritmo genético para encontrar uma estrutura potencial para a utilização do pb. Quanto mais simples for a estrutura da rede e quanto menos complexa for, maior será a probabilidade de o algoritmo bp ser bem sucedido. Nesta abordagem, embora a rede neural falhe cada vez mais, o método tem a capacidade de modelar comunicações complexas. Embora as BPNs tenham limitações, quando usam a técnica de busca de gradiente, elas têm o problema da baixa velocidade de convergência para alcançar a solução. O principal problema durante o processo de treinamento da rede neural é a probabilidade de 1OF nos dados de treinamento. Isto significa que, durante um determinado período de treino da rede, a capacidade de resolução de problemas não melhora. A OF também ocorre quando a rede neuronal tem graus de liberdade. É mais comparado com o estado que pode ser imposto pelas amostras de treino. Normalmente, a FO ocorre durante a fase seguinte do treino da rede neuronal, com uma diminuição do erro de treino e um aumento do erro de previsão. Por conseguinte, é muito fraco na capacidade de generalização de uma rede. Os dados de treinamento OF são especialmente comuns em redes com uma camada oculta. O treino pára num mínimo local, o que leva a resultados ineficazes e a uma má adaptação do modelo. A melhor maneira de reduzir os pesos foi proposta em Riply, 1993) para evitar tais OF. Na revisão (Schittenk, 1997), a rede de retropropagação do erro sobre o conjunto de dados mostrado causou OF, que após um certo número de iterações começou na fase de treino. Foram propostas duas estratégias para limitar a quantidade de informação transmitida por uma rede de retropropagação, que foi utilizada na análise de componentes principais (ACP). Em 1997, Zhang et al. mostraram que o OF também ocorre quando são utilizadas aproximações polinomiais de ordem elevada para ajustar um pequeno número de pontos. No seu artigo, foi utilizada uma rede neural para modelar a florência de dados de um sistema imposto por múltiplos componentes, a fim de escolher uma estrutura óptima; a rede também utilizou um algoritmo de poda de nós ocultos (HNPA) proposto. A genética pertence a uma classe de algoritmos de pesquisa aleatória baseados na população que se inspiram na hipótese de evolução gradual, designados por algoritmos evolutivos (EA). Outros algoritmos desta classe incluem as estratégias evolutivas (ES) e a programação genética. (GP). Em geral, o algoritmo começa com uma seleção aleatória de uma população inicial de soluções possíveis. Esta população constitui a primeira geração em que o algoritmo genético procura a solução óptima. O valor da população inicial é 50. Por conseguinte, para um algoritmo genético treinado, são avaliados 50 conjuntos de pesos em cada geração. Ao contrário do bp, que se move de um ponto para outro, o AG expande o espaço de pesos de um conjunto de pesos para outro conjunto, pesquisando simultaneamente em várias direcções. Isto aumenta a probabilidade de encontrar o ótimo geral. Para cada uma das soluções, é calculada a função de estimativa. Neste artigo, a soma dos erros quadráticos é A função objetivo é utilizada, o que é compatível com bp. É atribuída uma probabilidade a cada solução com base no valor da sua função objetivo. Por exemplo, as soluções que têm o menor valor da soma dos erros ao quadrado têm a maior probabilidade. e assim a primeira geração é completada. A segunda geração é criada através da seleção aleatória de uma nova população. 50 soluções são seleccionadas por colocação, se as boas soluções tiverem mais probabilidades de aparecer na nova população e, pelo contrário, as soluções fracas forem eliminadas, a isto chama-se reprodução. Por outras palavras, as características mais favoráveis na otimização da função objetivo serão reconstruídas e melhoradas nas gerações seguintes, enquanto as características mais fracas são eliminadas. Esta nova população de soluções é selecionada aleatoriamente em duas soluções melhores com um valor mais baixo da função de avaliação, uma taxa de erro mais baixa, e o processo de integração é feito de acordo com a probabilidade de integração. Produzem possíveis soluções-filhas, cada uma das quais com alguns parâmetros (pesos) das soluções-mãe. Cada solução tem uma pequena probabilidade de que cada um dos seus pesos possa ser uniformemente substituído por um valor selecionado a partir do intervalo de parâmetros (mutação). Este conjunto de resultados das soluções é agora uma nova população ou a geração seguinte e o processo repete-se. Este processo continua até que a população inicial cresça de forma geracional e produza o melhor problema de otimização. A maioria destes estudos baseia-se na técnica de pesquisa de gradiente para ligar os valores dos pesos em No entanto, não se podem excluir as desvantagens de se estar numa média local e um desempenho inconsistente e imprevisível. Muitos estudos anteriores não produziram uma precisão de previsão excecional, o que se deve em parte à incapacidade de encontrar resultados. Outra razão pode ser a convergência local na técnica de pesquisa do gradiente. Em 1998, Sextone e os seus colegas apresentaram uma das soluções mais promissoras de utilização de um algoritmo de pesquisa geral para obter os valores dos pesos das soluções a partir da estrutura de uma rede neuronal. constantes diretamente. Utilizaram algoritmos genéticos para encontrar os pesos diretamente e mostraram que estas soluções são melhores do que os métodos habitualmente utilizados. Estes estudos centraram-se diretamente nos valores dos pesos para determinar a eficácia dos resultados. Naturalmente, avaliaram a bpn com um modelo de topologia fixa da rede. Embora a capacidade de ajustar os parâmetros e a topologia da bpn durante o processo de otimização seja muito importante, uma estrutura fixa pode limitar o espaço de pesquisa da solução. Para investigar plenamente as propriedades dos valores, é preciso saber que, quando se aplicam algoritmos genéticos, como no estudo de sextone e seus colegas, a necessidade de bits numa substring aumenta drasticamente porque os valores dos pesos da topologia são representados como números decimais.

Nos últimos anos, com a crescente tendência para a construção de barragens de grande altura e com o aumento do nível de segurança das barragens, tem aumentado o interesse público dos engenheiros hidráulicos pela conceção de um sistema de consumo de energia económico e fiável no terminal dos principais canais de descarga de cheias das barragens de grande altura. As barragens são uma das maiores estruturas terrestres e, como muitas outras estruturas importantes, fazem parte dos elementos vitais de uma sociedade moderna e são muito importantes do ponto de vista económico, social e político. O papel das barragens no desenvolvimento da agricultura, da engenharia civil e da indústria, no abastecimento de água potável, na produção de energia hidroelétrica, no controlo e na regulação do caudal dos rios é significativo, por um lado, devido ao elevado custo da construção de barragens, que por vezes atinge várias centenas de milhares de milhões de Rials, e, por outro lado, porque as barragens são construídas principalmente perto de povoações humanas. A rutura de uma barragem não só é economicamente prejudicial, como também constitui uma grande ameaça para a vida das pessoas que vivem a jusante da barragem, obrigando os responsáveis pela execução de tais projectos a prestar especial atenção à conceção, construção e manutenção óptima da barragem. Uma vez que as barragens são construídas principalmente perto de aglomerados humanos, a rutura de uma barragem não é apenas economicamente prejudicial, mas também uma grande ameaça para a vida das pessoas que vivem a jusante da barragem. A existência de infiltrações em barragens de terra é inevitável, mas se existirem condições adequadas para a erosão do solo, este será arrastado em locais favoráveis e, se não forem tomadas as medidas necessárias no início da erosão, isso levará à destruição da barragem. Assim, de acordo com os materiais mencionados, a importância de uma análise precisa da percolação no projeto da barragem torna-se mais proeminente. Até à data, o percurso e a taxa de percolação têm sido previstos através de vários modelos matemáticos e físicos. Diferentes investigadores tentaram utilizar métodos numéricos, tais como elementos finitos, limite de diferenças e outros métodos numéricos para prever e analisar a quantidade de infiltração em barragens de terra. Os modelos de elementos finitos (no caso de uma simulação precisa do problema) podem analisar os problemas relacionados com a interação entre o solo e os fluidos (incluindo a infiltração) com uma precisão muito elevada. No entanto, há que ter em conta que isto requer conhecimentos especializados e uma quantidade de tempo relativamente grande. Uma das análises mais necessárias e que tem influência no projeto de muitos componentes de barragens é a análise de infiltração. Ao analisar a infiltração de uma barragem de terra, determina-se a quantidade de fugas, a quantidade de pressão da água dos poros em qualquer ponto do corpo e da fundação da barragem, a quantidade de gradientes hidráulicos em diferentes partes da barragem, como o núcleo e os pontos de saída da água do corpo, etc. As fugas são eficazes para obter a quantidade de água perdida, calcular a espessura e o comprimento dos drenos e dos filtros. A quantidade de pressão da água em qualquer ponto é muito importante nas análises de estabilidade de aterros de barragens, nas análises de tensão-deformação, na verificação da necessidade de criar poços de drenagem e na verificação da necessidade e da forma de construir uma cortina de barragem. A quantidade de gradientes hidráulicos é também importante na verificação da estabilidade e durabilidade dos materiais dos diferentes componentes da barragem e na sucessão contra a água de arrastamento da comporta. A existência de infiltrações em barragens de terra é inevitável, mas se existirem condições adequadas à erosão do solo, este será arrastado nos locais favoráveis, e se não forem tomadas as medidas necessárias no início da erosão, esta levará à destruição da barragem. Assim, de acordo com os materiais mencionados, a importância de uma análise exacta da infiltração no projeto da barragem torna-se mais proeminente. A base de todos os métodos habituais de análise da percolação é a lei que Henry Darcy (1856) apresentou sobre o movimento de percolação nos solos. Tin-Quinn (1996) investigou a estabilidade de uma barragem de solo em condições de percolação estável através do método dos elementos finitos (MEF). Mahjoubi e Afshar (1385) modelaram a infiltração sob uma barragem de terra utilizando o método dos elementos finitos.

Foram utilizados elementos finitos com elementos triangulares de três nós para resolver numericamente a equação diferencial do escoamento contínuo bidimensional (equação de Laplace) e desenhar a rede de escoamento sob uma barragem de terra colocada num solo irregular, e utilizando-a, a altura da pressão da água em diferentes pontos e o valor obtido do escoamento sob a barragem. Tifur et al. (2005) simularam a infiltração, a percolação e a trajetória de percolação com base no método dos elementos finitos, utilizando um software chamado FILTRANS (Swiatek 2002). Este software resolve a infiltração instável através de uma estrutura hidráulica de terra, como uma barragem de terra. Utilizaram elementos triangulares para a elementação da barragem, a sua rede de elementos incluía 5497 elementos triangulares e 3010 nós. Tornaram esta rede mais densa no corpo da barragem e na vizinhança dos poços de drenagem, e também colocaram os elementos na vizinhança do dreno tubular de uma forma radial de modo a ser compatível com o escoamento desta área. Em seguida, os resultados deste modelo foram comparados com os dados medidos durante um ano por piezómetros. O método usual para traçar a trajetória da corda livre é o método proposto por Casagrande (1938), segundo sua opinião, essa trajetória é basicamente uma curva parabólica de grau. É a segunda, mas o início e o fim da mesma, isto é, nas proximidades da secção de água que entra na barragem e nas proximidades da secção de água que sai da barragem, devem ser corrigidos. Honjo et al. (1995) efectuaram uma análise da percolação na zona saturada-insaturada na barragem de Tarbela, no Paquistão, utilizando o método dos elementos finitos (MEF) baseado na técnica da malha fixa. Analisaram os diferentes estados de enchimento e esvaziamento do reservatório em diferentes condições de sedimentação. A erosão é um fenómeno natural que o homem descobriu há vários séculos. Este fenómeno físico é uma das questões básicas e fundamentais da ciência hidráulica, que muitos investigadores têm pesquisado, testado e investigado ao longo dos últimos anos. Durante o processo de lixiviação, que depende dos parâmetros hidráulicos geométricos, como resultado do fluxo de água que passa sobre os grãos sedimentares ou os atinge, estas partículas começam a mover-se e são transportadas para jusante juntamente com a corrente, ocorrendo a erosão do leito ao longo do tempo. Embora o tipo de lixiviação que pode ocorrer em cada uma das estruturas hidráulicas seja diferente, o processo acima descrito é comum a quase todas elas. O processo de erosão é muito complexo e a sua compreensão requer o conhecimento e o domínio dos princípios da mecânica dos fluidos, da hidrodinâmica dos escoamentos e da hidráulica dos sedimentos. De um modo geral, a investigação do fenómeno de erosão na ação do escoamento e dos sedimentos é uma das questões básicas na análise e previsão da quantidade de erosão em estruturas hidráulicas. Devido à existência destas complicações, embora tenha sido feita uma extensa investigação por cientistas e investigadores da ciência hidráulica e sedimentar em laboratório, análise numérica, redes neuronais e lógica difusa, ainda não foi possível apresentar relações completas que possam incluir todos os parâmetros efectivos na erosão. Os resultados das experiências realizadas em calhas, apesar dos problemas causados pela escala dos modelos hidráulicos e das limitações de medição dos parâmetros efectivos da erosão, permitiram obter algumas equações experimentais, que mostram que o processo de erosão é uma função do tempo e do espaço. A compreensão do processo e do mecanismo de erosão e a previsão da geometria final da fossa de erosão são importantes porque é possível proteger totalmente o leito sem despender custos exorbitantes. Em alguns casos, a proteção completa não é possível. Por conseguinte, uma previsão exacta e próxima da realidade da profundidade de fundo e da geometria da fossa de erosão pode reduzir os custos operacionais da proteção do leito.

Os escoamentos de estruturas hidráulicas de alta velocidade podem ser classificados no conjunto de jactos e a erosão por eles causada pode ser investigada sob o título de erosão a jusante dos jactos. Até à data, foram realizados muitos estudos sobre a erosão causada por diferentes tipos de jactos (horizontais, verticais e inclinados), cada um dos quais foi investigado sob as condições de jactos livres e submersos, tendo sido também apresentadas relações experimentais por cada um dos investigadores. . Nenhuma das relações consegue modelar completamente os pormenores do processo de limpeza através de uma relação matemática, sendo ainda necessária mais investigação.   Um dos conceitos mais básicos na discussão da transferência de sedimentos é o limiar do movimento das partículas (movimento incipiente). Os cientistas descobriram que uma definição mais exacta do limiar do movimento de partículas os levará a fornecer uma definição abrangente da erosão e do início do processo de erosão. Assim, um grupo acredita que o limiar do movimento de partículas é quando o seu início pode ser visto a olho nu, e alguns acreditam que o início do movimento de partículas é igual à quantidade de fluxo quando a quantidade de movimento de materiais sedimentares a jusante do local de erosão é zero ou muito baixa [2]. O que é certo é a existência de dois grupos de forças que são aplicadas aos grãos de solo devido ao fluxo de água. Um grupo de forças que resiste ao movimento da partícula e impede a separação da partícula do substrato. Um grupo de forças que tentam separar a partícula do substrato e querem movê-la ao longo do fluxo. Em qualquer leito que o fluido atravesse, existe a possibilidade de erosão. Se a velocidade de escoamento do fluido for superior à velocidade de cisalhamento das partículas, ocorre a erosão, mas normalmente o aumento da velocidade de escoamento depende da alteração do regime de escoamento, que ocorre devido à construção de uma estrutura hidráulica. Mas, para iniciar o movimento de materiais pegajosos, é necessária uma força relativamente grande para quebrar as massas de material do leito e uma força relativamente pequena para transportar as partículas em suspensão. Este processo cria uma superfície rugosa e, em seguida, uma força elástica e de elevação maior é introduzida a partir do lado do fluxo devido ao aumento do efeito dinâmico e de vibração na massa de materiais e, como resultado, a ligação entre as massas é gradualmente destruída até que as massas sejam cortadas da superfície do material e sejam transportadas por correntes [1]. Com o desenvolvimento de discussões teóricas no domínio do limiar do movimento de partículas, sentiu-se a necessidade de estabelecer relações matemáticas que possam fornecer critérios hidráulicos concretos e condições físicas do leito e utilizá-las para conceber canais estáveis e investigar as condições de transporte de sedimentos em rios e estuários. Por conseguinte, os investigadores apresentaram as suas teorias com base na teoria da tensão de cisalhamento e da velocidade crítica. A simulação do sistema de águas subterrâneas não é facilmente possível devido às complexidades da natureza destes sistemas. Entretanto, as redes neuronais artificiais, enquanto modelo de caixa negra com as suas elevadas capacidades, são muito adequadas para modelar sistemas complexos e não lineares. Por conseguinte, devido aos muitos problemas de modelação dos aquíferos com modelos matemáticos, as redes neuronais artificiais têm sido utilizadas pelos investigadores para prever o nível da água nos aquíferos. As radiações directas e indirectas são a principal fonte de energia térmica da Terra e a sua reflexão pela Terra provoca o aquecimento do ar. A medição da temperatura em ambiente aberto indica a temperatura do ar, a temperatura provocada pelas radiações dos objectos próximos e pelos raios directos do sol, razão pela qual os termómetros são colocados em abrigos meteorológicos de modo a que o seu reservatório esteja a uma certa altura do solo. 135 cm. Desta forma, as temperaturas do ar obtidas em diferentes locais são comparáveis entre si e não são afectadas pela radiação direta ou indireta. Entre os factores que afectam a temperatura de uma região estão a latitude, a altitude, as correntes marítimas, a distância do mar, o vento, a direção e a cobertura de nuvens. Atualmente, de acordo com os factores mencionados, têm sido utilizados vários métodos para prever a temperatura, tais como Após muitos anos de investigação e pesquisa, foram propostos vários métodos no domínio da previsão, que podem ser classificados em dois grupos: métodos clássicos e heurística moderna. Os métodos clássicos baseiam-se em probabilidades e modelos matemáticos, mas os métodos heurísticos inteligentes são sistemas baseados em redes neuronais, lógica difusa, algoritmos evolutivos e uma combinação de métodos de inteligência artificial. A principal vantagem dos métodos heurísticos modernos é que ajudam o projetista a obter um sistema dinâmico e não linear e, tal como os métodos clássicos, não precisam de propor um modelo e não fazem quaisquer suposições sobre a natureza da distribuição dos dados neles observados. Mesmo quando nos deparamos com o problema dos dados em falta, ao contrário dos métodos clássicos, nos métodos heurísticos modernos, esta lacuna pode ser resolvida até certo ponto. Mas talvez a vantagem mais importante da descoberta moderna seja o facto de deixar de lado os elementos mentais e humanos na conceção da resolução de problemas, o que é considerado um dos principais pilares na implementação do sistema nos métodos clássicos. Enquanto os métodos exploratórios modernos, sem qualquer pressuposto do problema, com a ajuda de dados observados e estruturas inteligentes, como as redes neuronais, ou com base no conhecimento de peritos humanos em sistemas baseados na lógica difusa, tentam modelar o problema num bloco fechado. A teoria difusa fornece um método flexível e geral que não se limita a pequenos pormenores, de modo a que questões e problemas complexos e de grande escala, que incluem a recuperação de informações, possam ser compreendidos e uma determinada decisão possa ser tomada com pouca capacidade intelectual. Este método é capaz de lidar com as situações sociais e económicas e com o ambiente natural que exige diversidade e flexibilidade. Para criar um padrão semelhante ao tratamento geral da informação humana inteligente, os conhecimentos e a experiência de pessoas experientes e de peritos em linguagem natural são introduzidos no computador e são implementadas operações lógicas em formas resumidas. A maioria dos métodos fuzzy que foram concluídos para a gestão utilizam este método. A década de 1960 foi o início da teoria difusa. A teoria difusa foi introduzida pelo Professor Lotfizadeh em 1965 num artigo intitulado "Fuzzy Sets". Antes de trabalhar na teoria difusa, Lotfizadeh era um professor proeminente na teoria do controlo. Desenvolveu o conceito de "estado" que constitui a base da teoria de controlo moderna. Em 1962, Asgarzadeh escreveu algo do género para a revista Biological Systems: "Precisamos fundamentalmente de um novo tipo de matemática; a matemática é fuzzy ou valores fuzzy que não podem ser descritos por distribuições de probabilidade". Ele incorporou a sua atividade na teoria difusa num artigo intitulado "Fuzzy Sets". Surgiram muitos debates sobre os conjuntos difusos e os matemáticos acreditavam que a teoria das probabilidades era suficiente para resolver os problemas que a teoria difusa afirmava resolver melhor. A década de 1960 foi a década da contestação e negação da teoria difusa e nenhum dos centros de investigação levou a sério a teoria difusa como campo de investigação. Mas, na década de 1970, prestou-se atenção às aplicações práticas da teoria difusa e surgiram pontos de vista cépticos sobre a natureza existencial da teoria difusa. O Professor Lotfizadeh, após ter introduzido os conjuntos difusos em 1965, apresentou os conceitos de algoritmo difuso em 1968, de tomada de decisões difusa em 1970 e de ordenação difusa em 1971. Estabeleceu a base do controlo difuso em 1973. Este tópico conduziu a controladores difusos para sistemas reais. Mamdani e Assilian definiram um quadro básico para o controlo difuso. Em 1978, Humboldt e Östergaard utilizaram o primeiro controlador fuzzy para controlar um processo industrial e, a partir desta data, com a aplicação da teoria fuzzy em sistemas reais, a visão cética sobre a natureza existencial desta teoria foi completamente abalada. Os anos 80, em termos de progresso teórico, foram lentos, mas a aplicação da lógica difusa tornou a teoria difusa duradoura. Alguma vez se perguntou porque é que o Japão roubou aos seus pares a liderança na produção de eletrónica inteligente? Os engenheiros japoneses descobriram rapidamente que os controladores difusos eram fáceis de conceber e, em muitos casos, podiam ser utilizados. Como o controlo difuso não requer um modelo matemático, pode ser aplicado a muitos sistemas que não podem ser implementados pela teoria de controlo convencional. Sogno começou a trabalhar no robô Fuzzy, um carro com controlo remoto que estacionava sozinho. Yashunobu e Miyamoto, da Hitachi, começaram a trabalhar no sistema de controlo dos comboios do metro. Finalmente, em 1987, o projeto foi concretizado e criou um dos mais avançados sistemas de comboios subterrâneos do mundo. Na década de 1990, os investigadores americanos e europeus prestaram atenção aos sistemas difusos. O sucesso dos sistemas difusos no Japão atraiu a atenção de investigadores americanos e europeus, e a opinião de muitos investigadores sobre os sistemas difusos mudou. Em 1992, a primeira conferência internacional sobre sistemas difusos foi organizada pela maior organização de engenharia, o IEEE. Na década de 1990, foram feitos muitos avanços no domínio dos sistemas difusos; mas, apesar da clarificação da imagem dos sistemas difusos, há ainda muitas actividades a realizar e muitas soluções e métodos estão ainda no início. Por isso, recomenda-se que os investigadores do país, ao pesquisarem neste domínio, proporcionem grandes avanços no campo da teoria difusa. A lógica difusa é o raciocínio com conjuntos difusos. Agora, se quisermos explicar a teoria dos conjuntos difusos, devemos dizer que se trata de uma teoria para a ação em condições de incerteza. Esta teoria é capaz de dar uma formulação matemática a muitos conceitos, variáveis e sistemas que são imprecisos e ambíguos e fornece a base para o raciocínio, a inferência, o controlo e a tomada de decisões em condições de incerteza. É evidente que muitas decisões e acções humanas são tomadas em condições de incerteza e que as situações claras e inequívocas são muito raras. Antes da introdução da teoria da lógica difusa pelo Professor Lotfizadeh em 1965, muitos investigadores tentaram resolver os paradoxos dos problemas levantados em diferentes ciências. Estavam preocupados com o efeito de limitação da lógica dual, como o paradoxo de Wooger nas ciências biológicas, em que os filhos de alguns animais pertencem a uma família diferente da dos seus pais, embora geneticamente isso não seja possível e esta questão não fosse compatível com a lógica dual convencional. A este respeito, Russell considerou a ambiguidade como fazendo parte da linguagem, ou Jan Lukasiewicz propôs a lógica dos três valores, na qual, para além dos valores Falso e Verdadeiro, existia também a lógica do valor possível. Na lógica clássica, só existe ser ou não ser ou apenas zero e um. Enquanto na lógica budista ou fuzzy, esta descontinuidade não existe e, nos estados intermédios, podem existir números entre zero e um. Por exemplo, na lógica clássica, uma proposição pode ser verdadeira ou falsa e nada mais, assim como na teoria dos conjuntos, um elemento pertence ou não ao conjunto. Esta lógica, que constituiu a base do pensamento matemático e físico durante mais de dois mil anos, embora fosse completamente correcta no mundo da matemática, não passava de uma aproximação no mundo da física. De facto, pode dizer-se que Aristóteles aproximou o mundo cinzento do preto e do branco. Muitas pessoas, de diferentes formas, tentaram mostrar as insuficiências da lógica aristotélica face à realidade, incluindo Zeno 1, Francis Bacon 2, Werner Heisenberg 3 e Bertrand Russell 4. Numa das suas conferências, Albert Einstein disse uma frase deste tipo, portanto, quando temos de modelar os factos, precisamos de uma linguagem que corresponda às características do modelo, ou seja, que possa incluir nas suas expressões todos os significados de que necessitamos. Esta situação é problemática para nós, porque os pensamentos e sentimentos humanos são muito mais ricos do que é possível exprimi-los todos em qualquer uma das línguas comuns do mundo. Ora, se compararmos a linguagem lógica ou a linguagem matemática com a nossa própria linguagem, verificamos que esta é muito mais fraca. Uma das principais formas de lidar com as inundações é a utilização de sistemas de alerta de inundações. A parte principal do sistema de alerta de cheias é o modelo de previsão de cheias, que faz com que o perigo seja anunciado e que a perda de vidas e de bens seja evitada A previsão de cheias baseia-se em modelos de simulação de precipitação e de escoamento, que têm diferentes tipos. Na simulação da precipitação, os modelos conceptuais requerem um conhecimento da física do processo e, por outro lado, para além de captar as entradas e as saídas do sistema, é necessário obter, medir ou estimar muitos outros parâmetros do modelo. Por conseguinte, deve ser feita uma estimativa deste parâmetro através da medição dos dados de entrada e de saída A estimativa requer o processo de seleção dos parâmetros do modelo, que pode ser um processo complexo e sensível, especialmente se os parâmetros do modelo forem grandes em comparação com o número de eventos de entrada e de saída. A otimização dos parâmetros do modelo, mesmo utilizando métodos de otimização automáticos, é possível com um desafio. Uma vez que o objetivo da simulação não é identificar a base física do processo de precipitação-escoamento e apenas a precisão e a velocidade da simulação são importantes na previsão e aviso de cheias; por conseguinte, o método pode ser utilizado em caixas negras que podem ter precisão e velocidade suficientes. Com as correlações internas da bacia, devem ser utilizados modelos capazes de efetuar um mapeamento não linear entre a precipitação e o escoamento superficial. A rede neural artificial é um ramo da inteligência artificial que foi simulado através da utilização e do estudo do cérebro e do sistema nervoso de organismos biológicos e é atualmente uma das ferramentas computacionais mais poderosas. É considerada em muitos domínios. Depois de estudarem o cérebro, os cientistas aperceberam-se de que o cérebro humano executa uma série de operações paralelas pelos neurónios durante as decisões e previsões. De facto, são os computadores mais primitivos do cérebro que se instruem uns aos outros em paralelo. As sinapses são as unidades estruturais que estabelecem a comunicação entre os neurónios Os neurónios são obtidos através de um processo complexo. Cada neurónio é obtido através de duas formas de criação de novas sinapses: as ligações entre dois neurónios através de um processo complexo. Cada neurónio adapta-se ao seu ambiente de duas formas: criando novas ligações sinápticas entre neurónios e alterando a força e a fraqueza das sinapses existentes As vidas estão a mudar. Alterar o grau de conetividade dos neurónios de forma a reforçar as ligações desejadas é uma das características importantes dos modelos de redes neuronais. O que são redes neuronais? Tanto em termos de análise estrutural e desenvolvimento, como em termos de implementação de hardware, estão a crescer e a progredir em termos de quantidade, qualidade e capacidade, e o número de diferentes técnicas de computação neuronal continua a aumentar Científico e aplicado em questões de engenharia técnica, tais como sistemas de controlo, processamento de sinais e reconhecimento de padrões, reconhecendo estas questões, nesta secção pretendemos definir expectativas no sentido de redes neuronais artificiais Estamos a partir deste Vejamos as redes e as suas semelhanças com as redes reais. A CN aumenta. Além disso, com o aumento do tempo de concentração, a quantidade de descarga de pico estimada pelo HEC HMS- diminui. Em diferentes tipos com precipitação constante, à medida que a intensidade da precipitação aumenta, o pico de descarga também aumenta na análise dos hidrogramas relacionados com o SCS I e SCS Ia. Em comparação com os hidrogramas relativos ao SCS II e SCS III, uma vez que nestes dois tipos de distribuição temporal da precipitação, a intensidade da precipitação é menor, consequentemente, forma-se menos escoamento superficial e obtém-se menos pico de descarga. Os resultados deste estudo mostram a capacidade potencial do modelo chuva-vazão em calcular o tempo real de inundação e prever eventos futuros nesta bacia. Nos casos em que a rutura de estruturas hidráulicas leva à perda de muitas vidas e bens, o projeto baseia-se em cheias com uma menor probabilidade de ocorrência e um período de retorno mais longo, por exemplo, uma cheia de 1000 anos ou mesmo mais. O nível e a altura de propagação destas cheias são superiores aos das cheias com maior probabilidade de ocorrência. O desempenho técnico hidráulico dos edifícios de controlo do caudal, incluindo as estruturas de regulação do nível da água e as estruturas de regulação do caudal, parece essencial. Os canais de abastecimento de água e as estruturas conexas devem realizar a tarefa de transferir, distribuir e regular o caudal de forma eficaz e eficiente com um mínimo de operações de manutenção. . A falta de controlo e de precisão na distribuição de água provoca uma diminuição da eficiência da distribuição e o desperdício de fundos nacionais. Para evitar que este problema ocorra, é necessário ter o máximo cuidado na conceção e seleção dos edifícios reguladores do nível da água e das estruturas reguladoras de caudal (bacias de captação), para que no futuro não nos deparemos com problemas como a inutilização de algumas destas estruturas. A hidrologia de bacias hidrográficas é definida como um ramo da hidrologia que pode ser utilizado para definir a bacia hidrográfica. A ênfase neste artigo é colocada em modelos que são gerais em geral, não em modelos que são únicos. O leito de um rio de uma bacia hidrográfica pode ser tão pequeno como um leito de lama ou tão grande como centenas de milhares de quilómetros quadrados como o rio Mississippi. A capacidade de implementar a hidrologia numa bacia hidrográfica é definida utilizando as características do clima, localização, geologia, solos e plantas, e está relacionada com a bacia hidrográfica. Os modelos de bacias hidrográficas são ferramentas essenciais para o planeamento dos recursos hídricos. foram desenvolvidos e geridos. Nos anos anteriores, os modelos eram mais normais e têm-se desenvolvido cada vez mais todos os dias. Os modelos matemáticos são concebidos para responder às questões de Penman na bacia hidrográfica a um nível parcial, e numa vasta gama na região para gerir diferentes modelos e objectivos de conceção. que são aplicados utilizando a conceção de engenharia. São concebidos, por exemplo, o planeamento e a proteção do solo, a gestão da água de irrigação, a recuperação de terrenos, a recuperação do fluxo da bacia hidrográfica e a gestão do nível das águas subterrâneas. A um nível mais vasto, os modelos têm sido utilizados para a proteção contra inundações, recuperação de barragens, gestão de planos de inundação, avaliação da qualidade da água e armazenamento de água. Um dos critérios de conceção mais importantes das estruturas hidráulicas é a sua descarga, que é um dos métodos de cálculo dos modelos de precipitação. Trata-se do escoamento superficial. Os modelos hidrológicos foram desenvolvidos com o objetivo de aumentar a compreensão humana da quantidade de escoamento superficial produzido nas bacias hidrográficas. Idealmente, os modelos de escoamento superficial modelam o processo de conversão da precipitação em escoamento, considerando a influência de factores como as características do solo, a vegetação e a topografia.

Referências

K. Terzaghi, Stress distribution in dry and saturated sand above a yielding trapdoor, in: Proceedings, 1st International Conference on Soil Mechanics and Foundation Engineering, Cambridge, Mass, 1936.

G.G. Meyerhof, J.I. Adams, The ultimate uplift capacity of foundations, Can. Geotech. J. 5 (4) (1968) 225-244.

A.S. Vesic, Breakout resistance of objects embedded in ocean bottom, J. Soil Mech. Found. Div. 97 (9) (1971) 1183-1205.

G.G. Meyerhof, Uplift resistance of inclined anchors and piles, in: Proc., of the 8th Int. Conf., Soil Mechanics and Foundation Engineering, Moscovo 2, 1973, pp. 167-172.

B.M. Das, Model tests for uplift capacity of foundations in clay, Soil Found. 18 (2) (1978) 17-24.

B.M. Das, A procedure for estimation of ultimate capacity of foundations in clay, Soil Found. 20 (1) (1980) 77-82.

I. Vardoulakis, B. Graf, G. Gudehus, Trap-door problem with dry sand: a statical approach based upon model test kinematics, Int. J. Numer. Anal. Meth. Geomech. 5 (1) (1981) 57-78.

N.C. Koutsabeloulis, D.V. Griffiths, Numerical modelling of the trap door problem, Geotechnique 39 (1) (1989) 77-89.

C.C. Smith, Limit loads for an anchor/trapdoor embedded in an associative Coulomb soil, Int. J. Numer. Anal. Meth. Geomech. 22 (11) (1998) 855-865.

C.M. Martin, Undrained collapse of a shallow plane-strain trapdoor, G'eotechnique 59 (10) (2009) 855-863.

L. Wang, B. Leshchinsky, T.M. Evans, Y. Xie, Active and passive arching stress in C'- U' soils: a sensitivity study using computational limit analysis, Comput. Geotech. 84 (2017) 47-55.

K. Terzaghi, Rock Defects and Loads on Tunnel Supports, John Wiley and Sons Inc, 1946.

J. Shiau, F. Al-Asadi, Factores de estabilidade de túneis gémeos Fc, Fs e Fc, Geotechn. Geol. Eng. 39 (1) (2021) 335-345.

J. Shiau, F. Al-Asadi, Factores de estabilidade Fc, Fs, e Fγ para túneis gémeos em três dimensões, Int. J. Geomech. 22 (3) (2022), 04021290.

J. Shiau, S. Keawsawasvong, Produzindo factores de estabilidade não drenados para várias formas de túneis, Int. J. Geomech. 22 (8) (2022), 06022017.

S.W. Sloan, Análise da estabilidade geotécnica, Geotechnique 63 (7) (2013) 531-537.

S.W. Sloan, Lower bound limit analysis using finite elements and linear programming, Int. J. Numer. Anal. Methods Geomech. 12 (1) (1988) 61-77.

S.W. Sloan, Upper bound limit analysis using finite elements and linear programming, Int. J. Numer. Anal. Methods Geomech. 13 (3) (1989) 263-282.

A.V. Lyamin, S.W. Sloan, Lower bound limit analysis using non-linear programming, Int. J. Numer. Methods Eng. 55 (5) (2002) 573-611.

A.V. Lyamin, S.W. Sloan, Upper bound limit analysis using linear finite elements and non-linear programming, Int. J. Numer. Anal. Methods Geomech. 26 (2) (2002) 181-216.

K. Krabbenhoft, A.V. Lyamin, S.W. Sloan, Formulação e solução de alguns problemas de plasticidade como programas cónicos, Int. J. Solids Struct. 44 (5) (2007) 1533-1549.

S. Keawsawasvong, J. Shiau, Stability of active trapdoors in axisymmetry, Undergr. Space 7 (1) (2022) 50-57.

S. Keawsawasvong, J. Shiau, C. Ngamkhanong, V.Q. Lai, C. Thongchom, Undrained stability of ring foundations: axisymmetry, anisotropy, and non-homogeneity, Int. J. Geomech., ASCE 22 (1) (2022), 04021253.

J. Shiau, B. Chudal, K. Mahalingasivam, S. Keawsawasvong, Pipeline burst-related ground stability in blowout condition, Transp. Geotech. 29 (2021), 100587.

H. Ciria, J. Peraire, J. Bonet, Mesh adaptive computation of upper and lower bounds in limit analysis, Int. J. Numer. Methods Eng. 75 (2008) 899-944.

J. Shiau, J.-S. Lee, F. Al-Asadi, Análise da estabilidade tridimensional de alçapões activos e passivos, Tunn. Undergr. Space Technol. 107 (2021), 103635, https://doi.org/10.1016/j.tust.2020.103635.

L. Wu, J. Fan, Comparação de modelos de aprendizagem automática baseados em neurónios, kernel, árvores e curvas para prever a evapotranspiração de referência diária, PLoS One 14 (5) (2019), e0217520.

M.N.A. Raja, S.K. Shukla, Modelo de splines de regressão adaptativa multivariada para fundações de solo reforçado, Geosynth. Int. 28 (4) (2021) 368-390.

D.K. Nguyen, T.P. Nguyen, C. Ngamkhanong, S. Keawsawasvong, T.K. Nguyen, V.Q. Lai, Prediction of uplift resistance of circular anchors in anisotropic clays using MLR, ANN, and MARS, Appl. Ocean Res. 136 (2023), 103584.

S. Liu, R. Chang, J. Zuo, R.J. Webber, F. Xiong, N. Dong, Aplicação de redes neurais artificiais na gestão da construção: estado atual e direcções futuras, Appl. Sci. 11 (20) (2021) 9616.

Y. Pu, E. Mesbahi, Application of artificial neural networks to evaluation of ultimate strength of steel panels, Eng. Struct. 28 (8) (2006) 1190-1196.

M. Khajehzadeh, M.R. Taha, S. Keawsawasvong, H. Mirzaei, M. Jebeli, Uma abordagem eficaz de inteligência artificial para a avaliação da estabilidade de taludes, IEEE Access 10 (2022) 5660-5671.

D.K. Nguyen, T.P. Nguyen, C. Ngamkhanong, S. Keawsawasvong, V.Q. Lai, Bearing capacity of ring footings in anisotropic clays: FELA e ANN, Neural Comput. Appl. 35 (15) (2023) 10975-10996.

S.A. Naeini, M. Khalaj, E. Izadi, Interfacial shear strength of silty sand-geogrid composite, Proc. Inst. Civ. Eng. - Geotech. Eng. 166 (1) (2013) 67-75.

S.Q. Chen, J. Bai, Data-driven decision-making model for determining the number of volunteers required in typhoon disasters, J. Saf. Sci. Resil. 4 (3) (2023) 229-240.

A.K. Verma, K. Kishore, S. Chatterjee, Prediction model of longwall powered support capacity using field monitored data of a longwall panel and uncertaintybased neural network, Geotech. Geol. Eng. 34 (2016) 2033-2052.

F.M. Khan, R. Gupta, modelo de previsão baseado em ARIMA e NAR para análise de séries temporais de casos de COVID-19 na Índia, J. Saf. Sci. Resil. 1 (1) (2020) 12-18.

F.M. Khan, A. Kumar, H. Puppala, G. Kumar, R. Gupta, Projetar a criticidade da transmissão da COVID-19 na Índia utilizando SIG e métodos de aprendizagem automática, J. Saf. Sci. Resil. 2 (2) (2021) 50-62.

G.D. Garson, Path Analysis, Statistical Associates Publishing, Asheboro, NC, 2013.

V.Q. Lai, J. Shiau, C.N. Van, H.D. Tran, S. Keawsawasvong, Bearing capacity of conical footing on anisotropic and heterogeneous clays using FEA and ANN, Mar. Georesour. Geotechnol. 41 (9) (2023) 1-18.

[1] Nadimi S, Shahriar K, Sharifzadeh M, Moarefvand P. Ensaios de fluência triaxial e análise do comportamento dependente do tempo da caverna de siah bisheh pelo método dos elementos distintos tridimensionais. Tunnel Undergr Space Technol 2011;26(1):155-62. [2] Debernardi D, Barla G. Novo modelo viscoplástico para análise de projeto de túneis em condições de compressão. Rock Mech Rock Eng 2009;42(2):259-88. [3] Jimenez R, Recio D. Um classificador linear para a previsão probabilística de condições de compressão em túneis dos Himalaias. Eng Geol 2011;121(3-4):101-9. [4] Guan Z, Jiang Y, Tanabashi Y. Estimativa de parâmetros reológicos para a previsão de deformações a longo prazo em túneis convencionais. Tunnel Undergr Space Technol 2009;24(3):250-9. [5] Li J, Hao H, Chen Z. Identificação de danos e colocação óptima de sensores para estruturas sob vibrações desconhecidas induzidas pelo tráfego. J Aerosp Eng 2017;30(2): B4015001. [6] He J, Guan X, Liu Y. Reconstrução da resposta estrutural baseada na decomposição do modo empírico no domínio do tempo. Mech Syst Signal Process 2012;28:348-66. [7]

Lu W, Teng J, Li C, Cui Y. Reconstrução para medições de sensores com base em um modelo de correlação de dados de monitoramento. Appl Sci 2017;7(3):243. [8] Zhao X, Jia J, Zheng YM. Restauração de dados de monitoramento de deformação de ponte aérea de aço de grande extensão com base na rede neural BP. J Archit Civil Eng 2009;26(1):101-6. Chinês. [9] Zhigang F, Katsunori S, Qi W. Deteção de falhas no sensor e recuperação de dados com base no preditor LS-SVM. Chin J Sci Instrum 2007;28(2):193-7. Chinês. [10] Bao Y, Li H, Sun X, Yu Y, Ou J. Recuperação de perda de dados baseada em amostragem compressiva para redes de sensores sem fios utilizadas na monitorização da saúde de estruturas civis. Struct Health Monit 2013;12(1):78-95. [11] Huang Y, Wu D, Liu Z, Li J. Reconstrução de dados de deformação perdida com base na máquina de vectores de apoio de mínimos quadrados. Meas Control Tech 2010;29:8-12. Chinês. [12] Huang YW, Wu DG, Li J. Recuperação de dados de monitorização estrutural saudável baseada em máquina de aprendizagem extrema. Comput Eng 2011;16:241-3. [13] Zhang Z, Luo Y. Método de recuperação de dados em falta da monitorização espacial de tensões estruturais com base na correlação. Mech Syst Signal Process 2017;91:266-77. [14] Chen C, Jiao S, Zhang S, Liu W, Feng L, Wang Y. TripImputor: imputação em tempo real da finalidade da viagem de táxi aproveitando dados urbanos de várias fontes. IEEE Trans Intell Transp Syst 2018;19(10):3292-304. [15] Tan X, Sun X, Chen W, Du B, Ye J, Sun L. Investigação sobre o aumento de dados usando algoritmos de aprendizado de máquina em informações de monitoramento de saúde estrutural. Struct Health Monit 2021;20(4):2054-68. [16] Fan G, Li J, Hao H. Recuperação de dados perdidos para monitoramento da saúde da estrutura com base em redes neurais convolucionais. Monitorização da saúde do controlo de estruturas 2019;26(10): e2433

Kammer DC. Estimativa da resposta estrutural utilizando localizações de sensores remotos. J Guid Control Dyn 1997;20(3):501-8.

Wan Z, Li S, Huang Q, Wang T. Reconstrução da resposta estrutural com base no método de sobreposição modal na presença de modos estreitamente espaçados. Mech Syst Signal Process 2014;42(1-2):14-30.

Iliopoulos A, Shirzadeh R, Weijtjens W, Guillaume P, Van Hemelrijck D, Devriendt C. Uma abordagem de decomposição e expansão modal para a previsão de respostas dinâmicas numa turbina eólica offshore monopilar utilizando um número limitado de sensores de vibração. Mech Syst Signal Process 2016;68-69:84-104.

Mace B, Halkyard C. Estimativa da resposta e intensidade em feixes no domínio do tempo utilizando a decomposição e reconstrução de ondas. J Sound Vib 2000;230(3):561-89.

Li J, Law SS, Ding Y. Deteção de danos de uma subestrutura com base na reconstrução da resposta no domínio da frequência. Key Eng Mater 2013;569-570:823-30.

Li J, Law SS. Reconstrução da resposta subestrutural no domínio wavelet. J Appl Mech 2011;78(4):041010.

Li J, Hao H. Identificação de danos na estrutura com base na reconstrução da resposta no domínio das ondas. Struct Health Monit 2014;13(4):389-405.

Lai T, Yi TH, Li HN. Método Wavelet-galerkin para reconstrução de respostas dinâmicas estruturais. Adv Struct Eng 2017;20(8):1174-84.

Zhang X, Wu Z. Reconstrução da resposta estrutural de tipo duplo baseada no filtro Kalman de janela móvel com ruído de medição desconhecido. J Aerosp Eng 2019;32(4):04019029.

Zhang C, Xu Y. Identificação de danos estruturais através da reconstrução da resposta sob excitação desconhecida. Struct Control Health Monit 2017;24(8):e1953.

Peng Z, Dong K, Yin H. Uma abordagem de filtro Kalman baseada em modal e método OSP para reconstrução de resposta estrutural. Shock Vib 2019;5475696:1-14.

Bao Y, Beck JL, Li H. Amostragem compressiva para sinais de acelerómetro na monitorização da saúde da estrutura. Struct Health Monit 2011;10(3):235-46.

Bao Y, Yu Y, Li H, Mao X, Jiao W, Zou Z, et al. Recuperação de dados perdidos baseada em sensoriamento compressivo de sensoriamento sem fio de movimento rápido para monitoramento da saúde da estrutura. Struct Control Health Monit 2015;22(3):433-48.

Wan HP, Ni YQ. Metodologia de aprendizagem multitarefa bayesiana para reconstrução de dados de monitoramento da saúde da estrutura. Struct Health Monit 2019;18 (4):1282-309.

Kerschen G, Poncelet F, Golinval JC. Interpretação física da análise de componentes independentes na dinâmica estrutural. Mech Syst Signal Process 2007;21 (4):1561-75.

Hasanov A, Baysal O. Identificação de uma distribuição de carga espacial desconhecida numa viga em consola vibrante a partir da sobredeterminação final. J Inverse Ill-Posed Probl 2015;23(1):85-102.

Li Y, Sun L. Reconstrução da deformação estrutural pelo pseudo-inverso de Penrose-Moore e força equivalente estimada pela decomposição do valor singular. Struct Health Monit 2021;20(5):2412-29.

Shang Z, Sun L, Xia Y, Zhang W. Deteção de danos baseada em vibração para pontes por autoencoder de denoising convolucional profundo. Struct Health Monit 2020;20 (4):1880-903.

Tan X, Wang Y, Du B, Ye J, Chen W, Sun L, et al. Análise de comportamentos mecânicos de face inteira por meio de modelo de dedução espacial com dados de monitoramento em tempo real. Struct Health Monit 2021;21(4):1805-18.

Bani-Hani KA. Controlo da vibração da resposta induzida pelo vento de edifícios altos com um amortecedor de massa sintonizado ativo utilizando redes neuronais. Struct Control Health Monit 2007;14(1):83-108.

Ni Y, Li M. Reconstrução de dados de pressão do vento utilizando técnicas de redes neurais: uma comparação entre BPNN e GRNN. Measurement 2016;88:468-76.

Oh BK, Glisic B, Kim Y, Park HS. Método de recuperação de dados baseado em rede neural convolucional para monitoramento da saúde da estrutura. Struct Health Monit 2020;19 (6):1821.

Zhang Y, Miyamori Y, Mikami S, Saito T. Identificação do estado estrutural baseado em vibração por uma rede neural convolucional unidimensional. Comput Aided Civ Infrastruct Eng 2019;34(9):822-39.

Jiang K, Han Q, Du X, Ni P. Reconstrução da resposta dinâmica estrutural e deteção virtual utilizando uma sequência para modelação de sequência com mecanismo de atenção. Autom Constr 2021;131:103895.

Bao Y, Tang Z, Li H, Zhang Y. Visão computacional e método de deteção de anomalias de dados baseado em aprendizado profundo para monitoramento da saúde da estrutura. Struct Health Monit 2019;18(2):401-21.

Tang Z, Chen Z, Bao Y, Li H. Método de deteção de anomalias de dados baseado em rede neural convolucional usando várias informações para monitoramento da saúde da estrutura. Monitorização da saúde do controlo da estrutura 2019;26(1):e2296.

Chen C, Zhang D, Castro PS, Li N, Sun L, Li S, et al. iBOAT: deteção de trajectórias anómalas online com base no isolamento. IEEE Trans Intell Transp Syst 2013;14 (2):806-18.

Yang WX, Tes PW. Desenvolvimento de um método avançado de redução de ruído para análise de vibrações baseado na decomposição do valor singular. NDT E Int 2003;36 (6):419-32.

Zˇvokelj M, Zupan S, Prebil I. Monitorização multivariada e multiescala não linear e estratégia de denoising de sinais utilizando a análise de componentes principais do kernel combinada com o método de decomposição do modo empírico do conjunto. Mech Syst Signal Process 2011;25(7):2631-53.

Calabrese L, Campanella G, Proverbio E. Remoção de ruído por análise de clusters após monitorização de longo prazo da corrosão do reforço de aço em betão. Constr Build Mater 2012;34:362-71.

Jiang X, Mahadevan S, Adeli H. Bayesian wavelet packet denoising for structural system identification. Struct Control Health Monit 2007;14 (2):333-56.

Katicha SW, Flintsch G, Bryce J, Ferne B. Denoising de Wavelet de medições de inclinação de deflexão TSD para uma melhor avaliação estrutural do pavimento. Comput Aided Civ Infrastruct Eng 2014;29(6):399-415.

Du B, Sun X, Ye J, Cheng K, Wang J, Sun L. Deteção de anomalias baseada em GAN para séries temporais multivariadas usando conjunto de treinamento poluído. IEEE Trans Knowl Data Eng 2021:1-13.

Neerukatti RK, Hensberry K, Kovvali N, Chattopadhyay A. Uma nova abordagem probabilística para localização e prognóstico de danos, incluindo compensação de temperatura. J Intell Mater Syst Struct 2016;27(5):592-607.

Pavlopoulou S, Worden K, Soutis C. Deteção de novidades e redução de dimensões através de ondas ultra-sónicas guiadas: monitorização de danos de reparações de cachecóis em laminados compósitos. J Intell Mater Syst Struct 2016;27(4):549-66.

Yuan L, Fan W, Yang X, Ge S, Xia C, Foong SY, et al. Sensor piezoelétrico de membranas de nanofibra PAN / BaTiO3 para monitoramento da saúde da estrutura de deteção de danos em tempo real em compósitos. Compos Commun 2021;25:100680.

Castaldo P, Jalayer F, Palazzo B. Avaliação probabilística do vazamento de água subterrânea em juntas de parede diafragma para escavações profundas. Tunn Undergr Space Technol 2018;71:531-43.

Liu G, Mao Z, Todd M, Huang Z. Avaliação de danos com estratégia de incorporação de espaço de estado e decomposição de valor singular sob excitação estocástica. Struct Health Monit 2014;13(2):131-42.

Nichols J, Todd M, Wait J. Utilização da modelação preditiva do espaço de estados com interrogação caótica na deteção da perda de pré-carga da junta numa experiência de estrutura de armação. Smart Mater Struct 2003;12(4):580-601.

Sohn H, Allen DW, Worden K, Farrar CR. Classificação estatística de danos utilizando testes sequenciais de rácio de probabilidade. Struct Health Monit 2003;2(1):57-74.

Lynch JP, Sundararajan A, Law KH, Kiremidjian AS, Carryer E. Incorporação de algoritmos de deteção de danos numa unidade de deteção sem fios para eficiência energética operacional. Smart Mater Struct 2004;13(4):800-10.

Nair KK, Kiremidjian AS, Law KH. Algoritmo de deteção e localização de danos baseado em séries temporais com aplicação à estrutura de referência ASCE. J Sound Vib 2006;291(1-2):349-68.

Wu Z, Xu B, Yokoyama K. Deteção descentralizada de danos paramétricos com base em redes neurais. Comput Aided Civ Infrastruct Eng 2002;17(3):175-84.

Yan L, Elgamal A, Cottrell GW. Abordagem de rede neural NARX de vibração de subestrutura para inferência de danos estatísticos. J Eng Mech 2013;139(6):737-47.

Gul M, Necati CF. Reconhecimento de padrões estatísticos para monitorização do estado da estrutura utilizando modelação de séries temporais: teoria e verificações experimentais. Mech Syst Signal Process 2009;23(7):2192-204.

Skarlatos D, Karakasis K, Trochidis A. Railway wheel fault diagnosis using a fuzzy-logic method. Appl Acoust 2004;65(10):951-66.

Sohn H, Kim SD, Harries K. Classificação de danos sem referências baseada na análise de agrupamentos. Comput Aided Civ Infrastruct Eng 2008;23(5):324-38.

Kesavan KN, Kiremidjian AS. Um algoritmo de diagnóstico de danos baseado em wavelet usando análise de componentes principais. Struct Control Health Monit 2012;19 (8):672-85.

Liu XZ, Ni YQ. Deteção de defeitos no piso da roda para comboios de alta velocidade utilizando técnicas de monitorização online baseadas em FBG. Smart Struct Syst 2018;21(5):687-94.

Abdeljaber O, Avci O, Kiranyaz MS, Boashash B, Sodano H, Inman DJ. CNNs 1-d para deteção de danos estruturais: verificação em uma estrutura de dados de referência de monitoramento de saúde. Neurocomputing 2018;275:1308–17.

Mousavi Z, Varahram S, Ettefagh MM, Sadeghi MH, Razavi SN. Deteção de danos baseada em redes neurais profundas usando sinais de vibração de modelo de elemento finito e estado real intacto: uma avaliação por meio de uma estrutura de jaqueta offshore em escala de laboratório. Struct Health Monit 2021;20(1):379-405.

Zhao J, Du B, Sun L, Zhuang F, Lv W, Xiong H. Rede de atenção relacional múltipla para aprendizagem multitarefa. In: Anais da 25ª Conferência Internacional ACM SIGKDD sobre Descoberta de Conhecimento e Mineração de Dados; 4 a 8 de agosto de 2019; Anchorage, AK, EUA. Cidade de Nova York: Associação para Máquinas de Computação; 2019. p. 1123-31.

Chen C, Liu Q, Wang X, Liao C, Zhang D. semi-Traj2Graph: identificando o estilo de direção refinado com dados de trajetória de GPS por meio de aprendizado multitarefa. IEEE Trans Big Data 2021;8(6):1-15.

Tran D, Bourdev L, Fergus R, Torresani L, Paluri M. Learning spatiotemporal features with 3D convolutional networks. In: Anais da Conferência Internacional

IEEE 2015 sobre Visão Computacional (ICCV); 11 a 18 de dezembro de 2015; Santiago, Chile. Danvers: Instituto de Engenheiros Eléctricos e Electrónicos (IEEE); 2015. p. 4489-97.

LeCun Y, Kavukcuoglu K, Farabet C. Redes convolucionais e aplicações na visão. In: Actas do Simpósio Internacional de Circuitos e Sistemas do IEEE de 2010 (ISCAS); 30 de maio a 2 de junho de 2010; Paris, França. Paris: Instituto de Engenheiros Eléctricos e Electrónicos (IEEE); 2010. p. 253-6.

Li Y, Yu R, Shahabi C, Liu Y. Rede neural recorrente convolucional de difusão: previsão de tráfego baseada em dados. In: Anais da 6ª Conferência Internacional sobre Representações de Aprendizagem; 2018 30 de abril a 3 de maio; Centro de Convenções de Vancouver, Vancouver, BC, Canadá. OpenReview.net; 2017. p. 1-16.

Yu B, Yin H, Zhu Z. Redes convolucionais de grafos espácio-temporais: um quadro de aprendizagem profunda para a previsão de tráfego. Em: Jérôme L, editor. Actas da Vigésima Sétima Conferência Internacional Conjunta sobre Inteligência Artificial (IJCAI-18); 2018 Jul 13-19; Estocolmo, Suécia. Palo Alto: AAAI Press; 2017. p. 3634-40.

Chen Y, Ye YQ, Sun BN, Lou W, Yu J. Aplicação da tecnologia de previsão de modelos à monitorização do estado das pontes. J Zhejiang Univ Eng Sci 2008;42 (1):157-63.

Yang N, Bai X. Previsão de deformações estruturais a partir de dados de monitorização a longo prazo de um edifício tradicional tibetano. Struct Control Health Monit 2019;26(1):e2300.

Solhjell IK. Previsão Bayesiana e modelos dinâmicos aplicados a dados de deformação da ponte sobre o rio Göta [dissertação]. Blindern: Universidade de Oslo; 2009.

Wang Y, Ni Y. Previsão dinâmica bayesiana da resposta à deformação estrutural utilizando dados de monitorização da saúde da estrutura. Struct Control Health Monit 2020;27(8):e2575.

Ching J, Chen YC. Método de Monte Carlo de cadeia de Markov de transição para atualização de modelos Bayesianos, seleção de classes de modelos e cálculo de médias de modelos. J of Eng Mech 2007;133(7):816-32.

Cheung SH, Beck JL. Cálculo de probabilidades a posteriori para avaliação de classes de modelos Bayesianos e cálculo da média a partir de amostras a posteriori baseadas em dados de sistemas dinâmicos. Comput Aided Civ Infrastruct Eng 2010;25(5):304-21.

Fei X, Lu CC, Liu K. Uma abordagem de modelo linear dinâmico bayesiano para a previsão em tempo real do tempo de viagem em autoestrada a curto prazo. Transp Res Part C Emerg Technol 2011;19(6):1306-18.

Fan X, Liu Y. Previsão de tensões extremas dinâmicas de pontes com base no algoritmo de filtragem de partículas gaussianas mistas não lineares e dados de monitorização da saúde da estrutura. Adv Mech Eng 2016;8(6):1-10.

Dervilis N, Shi H, Worden K, Cross E. Explorando variações ambientais e operacionais em dados SHM usando processos gaussianos heteroscedásticos. Dyna Civil Struct 2016;2:145-53.

Worden K, Cross E. On switching response surface models, with applications to the structure health monitoring of bridges. Mech Syst Signal Process 2018;98:139-56.

Caywood MS, Roberts DM, Colombe JB, Greenwald HS, Weiland MZ. Regressão de processo gaussiano para modelos de aprendizado de máquina preditivos, mas interpretáveis: um exemplo de previsão de carga de trabalho mental em tarefas. Front Hum Neurosci 2017;10:647.

Su G, Yu B, Xiao Y, Yan L. Método de aprendizagem de máquina de processo gaussiano para análise de confiabilidade estrutural. Adv Struct Eng 2014;17(9):1257-70.

Prakash G, Sadhu A, Narasimhan S, Brehe JM. Dados iniciais da vida útil para a monitorização da saúde da estrutura de uma barragem em arco de betão. Struct Control Health Monit 2018;25(1):e2036.

Wang X, Yang K, Shen C. Estudo sobre MGPA-BP de previsão de deformação de barragens de gravidade. Math Probl Eng 2017;2586107:1-18.

Kang F, Liu J, Li J, Li S. Modelo de previsão de deformação de barragens de betão para monitorização da saúde com base em máquinas de aprendizagem extrema. Struct Control Health Monit 2017;24(10):e1997.

Deng NW, Qiu FQ, Xu H. Aplicação do modelo BP à análise de dados de barragens de terra-rocha. Eng J Wuhan Univ 2001;34(4):17-20. Chinês.

Kao CY, Loh CH. Monitorização de dados de deformação estática a longo prazo da barragem em arco de Fei-Tsui utilizando abordagens baseadas em redes neurais artificiais. Struct Control Health Monit 2013;20(3):282-303.

Redes neuronais artificiais na gestão de infra-estruturas subterrâneas

Shahide Dehghan[1] , Hoosein Norouzi[2], Hossein Gholami[3]

[1]Departamento de Geografia, secção de Najafabad, Universidade Islâmica Azad, Najafabad, Irão

[2] Departamento de Engenharia Civil, Isfahan (Khorasgan) Branch, Islamic Azad University, Isfahan, Irão

[3]Departamento de Engenharia Civil, Isfahan (Khorasgan) Branch, Islamic Azad University, Isfahan, Irão

2024

More
Books!

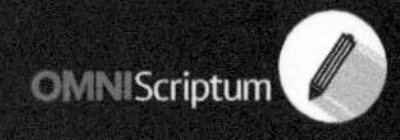

info@omniscriptum.com
www.omniscriptum.com
OMNIScriptum

Printed by Books on Demand GmbH, Norderstedt / Germany